Dallia Ali
Noof Ali Al Saoud

Dessalinização com energia solar

Dallia Ali
Noof Ali Al Saoud

Dessalinização com energia solar

Centrais de dessalinização de água com pegada de carbono zero no Qatar

ScienciaScripts

Imprint

Cover image: www.ingimage.com

This book is a translation from the original published under ISBN 978-620-2-05340-2.

Publisher:
Sciencia Scripts
is a trademark of
Dodo Books Indian Ocean Ltd. and OmniScriptum S.R.L publishing group

120 High Road, East Finchley, London, N2 9ED, United Kingdom
Str. Armeneasca 28/1, office 1, Chisinau MD-2012, Republic of Moldova, Europe
Printed at: see last page
ISBN: 978-620-7-78850-7

Índice

Resumo

Esta tese procura interpretar a implementação da energia solar fotovoltaica para alimentar unidades de dessalinização de água no Qatar. A utilização de energias renováveis na dessalinização da água está imediatamente relacionada com a Visão Nacional 2030 do Qatar, que atribui grande prioridade ao desenvolvimento de práticas energéticas sustentáveis para garantir a segurança da água.

A tese começa com um resumo das práticas actuais de dessalinização da água, juntamente com uma análise dos diferentes métodos de dessalinização. Em seguida, é efectuada uma investigação mais detalhada sobre as sete unidades de dessalinização existentes no país para conhecer a capacidade de dessalinização de água do Qatar, os requisitos energéticos associados, bem como os custos e os impactos ambientais associados. Em seguida, a investigação analisa a implementação de energias renováveis na alimentação das instalações de dessalinização de água e os custos e impactos ambientais associados. Uma unidade de dessalinização de água alimentada por energia solar fotovoltaica que está a funcionar numa das quintas do Qatar é então apresentada como um estudo de caso. A investigação do sistema de estudo de caso prova que se trata de um sistema energeticamente eficiente que constitui um marco na região para a adoção de fontes de energia alternativas na alimentação de práticas de dessalinização de água. Nesta direção, a tese conclui sugerindo as características de um sistema semelhante de maior escala para o Qatar. São propostas outras instalações para otimizar a eficácia e a eficiência da unidade. Com base nos preços actuais, é apresentada uma análise económica do sistema proposto. Finalmente, são discutidos os impactos ambientais do sistema proposto com base em métodos propostos na literatura existente.

Introdução

Nas últimas duas décadas, o Qatar conseguiu classificar-se entre os países mais desenvolvidos do mundo, com o PIB per capita mais elevado. A sua expansão e consolidação como um ator energético de primeira classe transformou o país num centro de produção de petróleo e gás e, consequentemente, num Estado lucrativo a nível regional e internacional.

Sua Alteza Sheikh Hamad bin Khalifa Al Thani lançou um plano nacional pioneiro que aborda múltiplas perspectivas de vida de todos os cidadãos e residentes. A Visão Nacional do Qatar 2030 inclui os quatro pilares deste plano que tem por objetivo *"transformar o Qatar numa sociedade avançada capaz de alcançar um desenvolvimento sustentável até 2030".* Estes pilares referem-se ao crescimento económico, social, humano e ambiental que ajudará o país a lidar com as rápidas mudanças e desafios do futuro.

O desenvolvimento social e humano inclui a preservação de uma ética moral elevada e a promoção da filosofia islâmica, dos valores humanitários e do sentido de comunidade. Estas acções permitirão à população do Qatar, em rápido crescimento, manter uma sociedade florescente com igualdade de oportunidades em matéria de educação, emprego e carreira. A eliminação das diferenças de género ou outras ajudará a comunidade do Catar a incorporar os valores islâmicos da paz, do bem-estar e da justiça. Os estudantes do Qatar, a promissora força motriz do país, são os inovadores e os profissionais de amanhã que impulsionam a economia do Estado, pelo que oportunidades de ensino e formação de alto nível, seguidas de programas de aprendizagem ao longo da vida, ajudarão os jovens a satisfazer as necessidades actuais e futuras do mercado de trabalho.

O desenvolvimento económico deve ser alcançado através da diversificação progressiva da economia, que passará de uma economia baseada no petróleo para uma economia baseada no conhecimento. Esta transição pode conduzir a uma gestão mais sensata do sector empresarial, garantindo uma maior estabilidade. A estabilidade do sector empresarial atrairá investimentos rentáveis, a adoção de novas tecnologias e o aumento da concorrência resultarão numa melhoria global da qualidade de vida, com elevados padrões de vida e uma maior capacidade dos indivíduos, das organizações e das sociedades para melhorar os seus talentos e competências.

O desenvolvimento ambiental refere-se a políticas e objectivos de crescimento verde para estabelecer o bem-estar dos cidadãos como a principal prioridade, assegurando simultaneamente a preservação dos bens e recursos naturais. O desenvolvimento dos solos e das infra-estruturas deve ser feito de acordo com métodos ambientalmente responsáveis para melhorar a eficiência e a eficácia do sistema de avaliação do impacto ambiental em todo o Qatar. A cooperação entre os desenvolvimentos social, económico e ambiental pode conduzir a um ambicioso esquema de desenvolvimento sustentável. A sustentabilidade oferece uma visão de progresso e crescimento que combina objectivos a médio e longo prazo, a nível local e internacional, sem comprometer as necessidades das gerações futuras. A sua importância reside tanto na teoria como na política, e só uma abordagem multidisciplinar será eficaz. O desenvolvimento sustentável não é aplicado apenas pelas políticas, mas deve ser adotado também pela sociedade. Refere-se à satisfação das necessidades da geração atual sem pôr em causa e arriscar o bem-estar das gerações futuras. Isto exige mudanças profundas nas formas de pensar, consumir, produzir e atuar. Ao mesmo tempo, a responsabilidade social por parte das indústrias, empresas e governos é considerada essencial.

Neste sentido, a Visão Nacional do Qatar 2030 visa o progresso humano, que está fortemente interligado com questões sociais, económicas e ambientais. Um esquema de desenvolvimento equilibrado que inclua tanto a prosperidade económica como a preservação ambiental é definido como um marco para o país. A proteção do património ambiental do Estado inclui:

- Sensibilização ambiental do público através de políticas, campanhas e estratégias
- Um sistema jurídico justo, rigoroso e flexível, capaz de enfrentar eficazmente todos os desafios ambientais
- Planeamento rural responsável com desenvolvimento urbano racional
- Mitigação de todos os problemas ambientais decorrentes das actividades de

desenvolvimento

- Estratégias para uma utilização correcta das fontes naturais, tendo em conta a água
- Planeamento viável da gestão da energia
- Esforços regionais e mundiais para aplicar soluções sustentáveis a todos os desafios ambientais.

Os desafios ambientais incluem a utilização da água e da energia. A escassez de fontes de água doce nos últimos 20 anos está a tornar-se um problema que não pode ser negligenciado. O rápido crescimento da população, juntamente com o aumento contínuo dos padrões de vida, especialmente nos países industrializados, resultou num maior consumo de água per capita e no aquecimento global [onde se espera que a seca e a desertificação a nível mundial agravem o problema]. A expansão industrial e agrícola associada conduziu a um aumento da utilização de água doce, tornando mais premente a necessidade de soluções viáveis e respeitadoras do ambiente para a sua recuperação. O índice de stress hídrico foi introduzido para descrever o consumo de água acima referido e é definido como o rácio entre a quantidade média de água retirada e a quantidade de recursos de água doce disponíveis. Este índice é mais elevado e a resolução do problema torna-se mais importante em zonas áridas e em regiões onde a população é elevada. Estas circunstâncias estão presentes no Qatar e ameaçam o futuro da humanidade. Por conseguinte, os cientistas e os engenheiros começaram a procurar métodos avançados de tratamento da água. No entanto, a produção de água de boa qualidade combinada com um consumo mínimo de energia tem-se revelado um desafio para os investigadores.

O seu objetivo é alcançar uma eficácia progressiva de todos os métodos aplicados através da redução simultânea das necessidades energéticas. Nesta direção, tem sido demonstrado um grande interesse pelos oceanos, uma vez que estes representam o maior reservatório de água da Terra; aproximadamente 97% da água da Terra é água do mar, sendo que apenas 2% está bloqueada em fontes de gelo [1]. Existe também uma enorme presença de água doce sob a terra, mas o custo de extração, devido à grande profundidade, torna os métodos proibitivos. A dificuldade de acesso a esses recursos, aliada à baixa qualidade da água, deterioram a situação atual. A figura 1 descreve a distribuição da água.

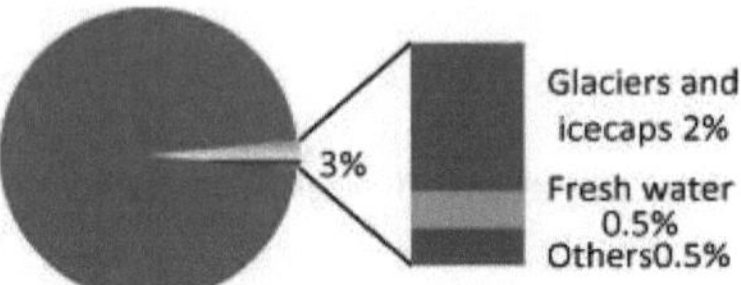

Figura 1. Distribuição de água [2]

Pode surgir uma competição por recursos hídricos convenientes entre os utilizadores de água agrícolas, industriais e públicos. Esta concorrência pode conduzir a preços mais elevados da água, a restrições ao desenvolvimento económico e a problemas sociais em regiões com acesso limitado à água. Em consequência, o bem-estar geral de um país em condições de stress hídrico fica ameaçado. As soluções requerem a adoção de medidas nacionais e internacionais, incluindo a resolução de litígios sobre a água e o aumento do financiamento da investigação sobre dessalinização e tecnologias alternativas. Um dos principais instrumentos para resolver futuras crises internacionais da água é a investigação contínua de métodos que proporcionem uma dessalinização de baixo custo, eficiente do ponto de vista energético e amiga do ambiente. Os esforços têm de ser aprofundados, uma vez que mais de dois terços da população mundial poderá sofrer de escassez de água até 2025, afectando assim praticamente todos os países do mundo, incluindo os desenvolvidos, a menos que reduzam e/ou desenvolvam fontes de água adicionais [3].

A motivação subjacente a esta investigação decorre das crescentes necessidades mundiais de água, juntamente com os contínuos esforços globais para melhorar as tecnologias de dessalinização, tornando-as mais eficientes, racionais, económicas e com o menor impacto possível no ambiente. O estudo proposto centrar-se-á no Qatar, mostrando os esforços locais feitos para satisfazer as necessidades de água do Qatar e fornecer à sua população água de alta qualidade com o menor consumo de energia, custo e impacto ambiental.

Capítulo 1. Processos de dessalinização

A dessalinização é o processo químico que remove os minerais e o sal da água do mar para a tornar potável e adequada para uso humano. Estima-se que mais de 75 milhões de pessoas em todo o mundo obtêm água doce através da dessalinização da água do mar ou da água salobra [1]. A dessalinização da água do mar é responsável por uma produção mundial de água de 24,5 milhões de m^3 /dia, sendo o "ponto quente" de intensa atividade de dessalinização o Golfo Arábico, entre outros centros regionais, como o Mar Mediterrâneo e o Mar Vermelho [4]. O maior número de instalações de dessalinização encontra-se no Golfo Arábico, com uma capacidade total de dessalinização de água do mar de aproximadamente 11 milhões de m^3 /dia, sendo os principais produtores os Emirados Árabes Unidos [26% da capacidade mundial de dessalinização de água do mar], seguidos da Arábia Saudita [23%]. A Figura 2 mostra todas as instalações de dessalinização localizadas no Golfo Árabe.

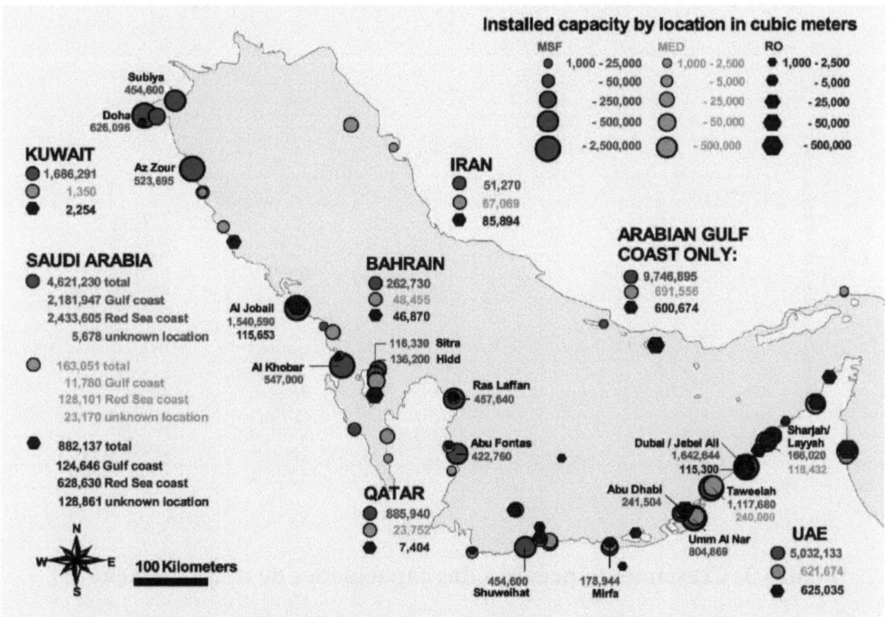

Figura 2. Dessalinização da água do mar no Golfo Arábico [4]

No Qatar, as unidades de dessalinização em funcionamento estão principalmente localizadas na parte norte do país, na zona industrial de Ras Laffan e em Abu Fontas. Até 2008, a capacidade total de dessalinização instalada era de aproximadamente 1,1 milhões de metros cúbicos.

O crescimento das capacidades de dessalinização nos últimos dez anos tem sido enorme. De acordo com um estudo [5], prevê-se que a taxa de crescimento dos países mediterrânicos no período de 2005-2015 seja aproximadamente superior ao dobro [179%]; e para os países do CCG [Golfo Arábico], estima-se que a taxa de crescimento de 2005 a 2015 seja inferior à dos países mediterrânicos [94%]. Segue-se a Ásia com uma previsão de crescimento de 76% e o continente americano em último lugar com uma taxa de crescimento prevista de 59%. No que se refere às capacidades de dessalinização, no entanto, como já foi referido, os países do CCG apresentam a maior capacidade a nível mundial; aproximadamente 30 milhões de m^3 /d; o Mediterrâneo segue-se com quase 16 milhões de m^3 /d, com as Américas e a Ásia a ocuparem os últimos lugares com 11 milhões de m^3 /d e 8 milhões de m^3 /d, respetivamente.

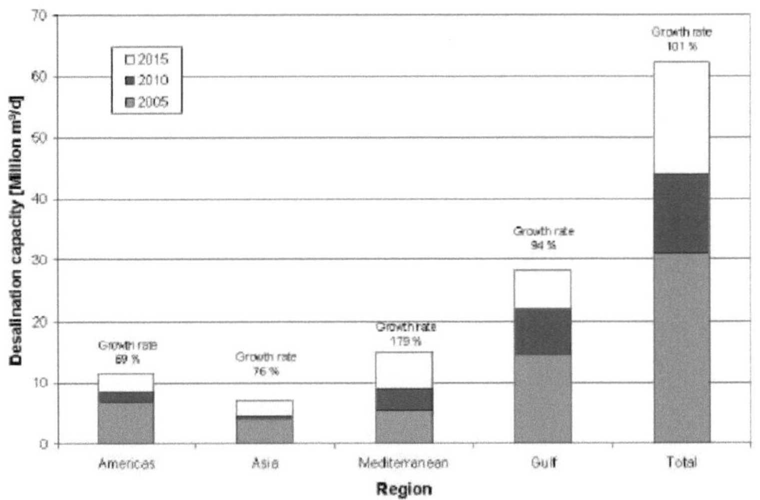

Figura 3. Crescimento previsto das capacidades de dessalinização [5]

A dessalinização é aplicável tanto à água salobra como à água do mar. Prevê-se que a dessalinização da água salobra cresça a taxas mais elevadas do que a dessalinização da água do mar num futuro próximo. O fornecimento de água doce produzida a partir de instalações de dessalinização da água do mar exige sistemas de tubagem e de bombagem para transportar a água produzida das regiões costeiras para as zonas residenciais, o que aumenta os custos. A elevada disponibilidade de água salobra nas zonas residenciais torna desnecessárias as dispendiosas tubagens e bombagens de distribuição. No entanto, um problema que limita a dessalinização da água salobra é a descarga da salmoura, uma vez que as opções de eliminação são limitadas, a eliminação está associada a custos adicionais elevados e são de esperar danos ambientais. Os processos e tecnologias de dessalinização podem geralmente ser classificados, de acordo com o seu mecanismo de separação, em dessalinização térmica e dessalinização por membranas. A dessalinização térmica separa o sal da água por evaporação e condensação, enquanto na dessalinização por membranas a água difunde-se através de uma membrana, enquanto os sais são quase completamente retidos. A dessalinização térmica é mais intensiva em energia do que a dessalinização por membranas, mas pode lidar melhor com água mais salina e proporciona uma qualidade de permeado ainda mais elevada [3]. A decisão de optar por uma determinada tecnologia de dessalinização é influenciada pela salinidade da água de alimentação, pela qualidade do produto exigida, bem como por factores específicos do local, como o custo da mão de obra, a área disponível, o custo da energia e a procura local de eletricidade. As actuais tecnologias de dessalinização são, no entanto, proibitivamente caras e intensivas em energia.

A energia é indiscutivelmente o fator que mais contribui para o custo da dessalinização [6]. Assim, a redução do consumo de energia é o principal objetivo para tornar a dessalinização mais acessível. A osmose inversa [RO] e o flash multi-estágio [MSF] são as técnicas mais utilizadas. Os métodos de dessalinização podem ser classificados em duas categorias: processos de mudança de fase e processos de fase única. Os métodos térmicos, como será discutido mais adiante, são mais eficazes do que os métodos de membrana em termos de eficiência na dessalinização de água do mar muito salgada.

1.1. Tecnologias de dessalinização térmica [processos de mudança de fase]

1.1.1. Dessalinização instantânea em várias fases [MSF]

A dessalinização flash multi-estágio [MSF] é a tecnologia de dessalinização térmica mais frequentemente aplicada e a mais preferida no Médio Oriente [5], onde beneficia do baixo preço da energia e da elevada salinidade da água de alimentação. Grandes unidades MSF com capacidade de produção que varia entre 50.000-75.000 m^3 /d estão a ser instaladas em vários países, incluindo o Kuwait, a Arábia Saudita e os Emirados Árabes Unidos. A grande capacidade da unidade contribui ainda mais para a redução do custo unitário do produto.

A desvantagem mais importante da MSF é o baixo rácio de desempenho, limitado a cerca de 11. Isto resulta num consumo de energia muito mais elevado, o que faz do MSF uma técnica comparativamente cara. O rácio de desempenho de um sistema de dessalinização é o rácio entre a massa de destilado e a energia consumida [7]. O rácio de desempenho em unidades métricas é frequentemente definido como o número de kg de água por M Joule de entrada de calor [8]. No entanto, também é utilizado um rácio de desempenho sem dimensões [9]. Quanto mais elevado for o rácio, menos económico é o sistema de dessalinização.

1.1.2. Destilação multi-efeitos [MED]

O MED baseia-se no transporte de calor do vapor de condensação para a água do mar ou salmoura numa série de fases ou efeitos. No primeiro efeito, o vapor primário é condensado para a evaporação da água do mar pré-aquecida. O vapor secundário gerado desta forma é levado para um segundo efeito, operado a uma temperatura e pressão ligeiramente inferiores; o condensado do vapor primário é reciclado para o gerador de vapor. Podem ser alcançadas elevadas taxas de transferência de calor no processo MED devido às condições de ebulição e condensação da película fina. Estas instalações estão presentes nos Emirados Árabes Unidos, na fábrica MED de Umm al Nar com uma capacidade unitária de 15 911 m^3 /d e na fábrica de Sharjah com uma capacidade unitária de 22 730 m^3 /d. Os problemas relacionados com o método MED estão relacionados com a corrosão e a incrustação de substâncias orgânicas ou minerais. A corrosão pode ser identificada como a degradação das propriedades da membrana devido a interacções com outros materiais. Esta degradação gradual pode levar a uma diminuição da eficiência e da eficácia da membrana. A incrustação é o bloqueio dos poros da membrana por componentes como poeira, matéria suspensa ou coloidal [10] ou por crescimento biológico, resultando na redução do fluxo permeado da membrana. Uma camada de incrustação existente aumenta a resistência global à transferência de massa da membrana e o desempenho global diminui significativamente. Algumas das substâncias de incrustação mais comuns são o carbonato de cálcio [CaCO3], o sulfato de cálcio [CaSO4] e a sílica. A incrustação da membrana, por outro lado, é causada pelo transporte convectivo e difusivo de matéria suspensa ou coloidal [10] ou pelo crescimento biológico, a chamada incrustação biológica.

1.1.3. Destilação por compressão de vapor [VCD]

A Destilação por Compressão de Vapor [DCV] é uma técnica utilizada em instalações de pequena escala. A técnica é comparável à MED, mas baseia-se na compressão do vapor gerado pela evaporação da água em vez da condensação, de modo a que o calor latente do vapor possa ser eficientemente reutilizado no processo de evaporação. A compressão de vapor pode ser vista como uma variação do MED, mas tecnicamente é mais complexa, pelo que a sua aplicação está limitada a instalações mais pequenas. O sistema é constituído pelos tubos do condensador e do evaporador que estão ligados ao compressor de vapor. A água do mar de entrada recupera cerca de 90% do calor sensível da salmoura e do fluxo de destilado que sai do evaporador. Esta caraterística aumenta consideravelmente a eficiência do processo.

1.2. Tecnologias de dessalinização com membranas [processos monofásicos]

1.2.1. Osmose inversa [RO]

A osmose inversa é a opção de dessalinização por membrana mais comum para a água do mar e a água salobra, dominando na área em redor do Mar Mediterrâneo. A osmose inversa é, de longe, o tipo mais comum de processo de dessalinização por membranas. É capaz de rejeitar quase toda a matéria coloidal ou dissolvida de uma solução aquosa, produzindo uma salmoura concentrada e um permeado de água quase pura. Embora a osmose inversa também tenha sido utilizada para concentrar substâncias orgânicas, a sua utilização mais comum é em aplicações de dessalinização da água do mar. Baseia-se numa propriedade de certos polímeros chamada semi-permeabilidade. Embora sejam muito permeáveis à água, a sua permeabilidade a substâncias dissolvidas é baixa. Ao aplicar uma diferença de pressão através da membrana, a água contida na alimentação é forçada a permear através da membrana a uma pressão de alimentação bastante elevada [55-68 bar para a dessalinização da água do mar]. As pressões de funcionamento para a purificação de água salobra são mais baixas devido à menor pressão osmótica causada pela menor salinidade da água de alimentação. A Fig. 4 apresenta um fluxograma de uma instalação de dessalinização por osmose inversa. O processo inclui as seguintes fases:

- Captação de água
- Pré-tratamento

- Bombagem
- Separação por membranas
- Recuperação de energia
- Pós-tratamento C Controlo

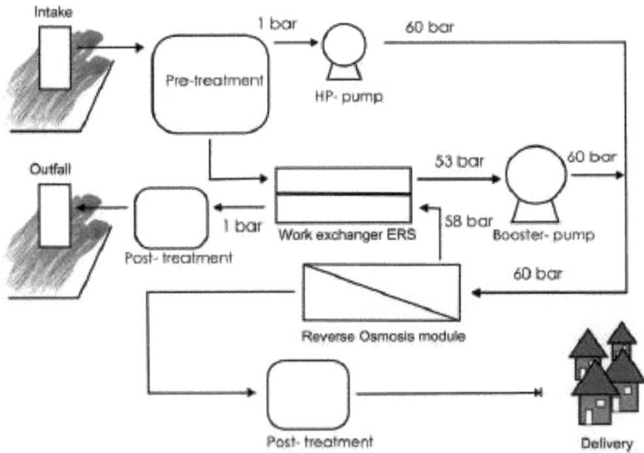

Figura 4. Sistema simplificado de RO [5]

A OR é descrita como uma técnica de separação por pressão [diferencial]. Ao aplicar uma diferença de pressão, os componentes permeáveis], na maioria das aplicações quase exclusivamente água, são forçados a atravessar a membrana. A lei de funcionamento da Osmose Inversa ocorre quando uma membrana semi-permeável [permeável à água e não ao soluto] separa duas soluções aquosas de concentração diferente. A uma pressão e temperatura iguais em ambos os lados da membrana, a água difunde-se ["permeia"] através da membrana, resultando num fluxo líquido da solução diluída para a mais concentrada até que as concentrações em ambos os lados da membrana se tornem iguais. Para além da sua aplicação na produção de água potável, a osmose inversa é também aplicada no tratamento de águas residuais e na separação de compostos orgânicos e inorgânicos de soluções aquosas para aplicações industriais. A desvantagem do método é a deterioração gradual da membrana devido a incidentes de corrosão e incrustação, como discutido anteriormente no método MED.

O custo da OR parece estar a diminuir de 1980 a 2004, como se pode ver na Figura 5, com as taxas de consumo de energia a tornarem-se 4 vezes inferiores desde os anos 80 até 2004.

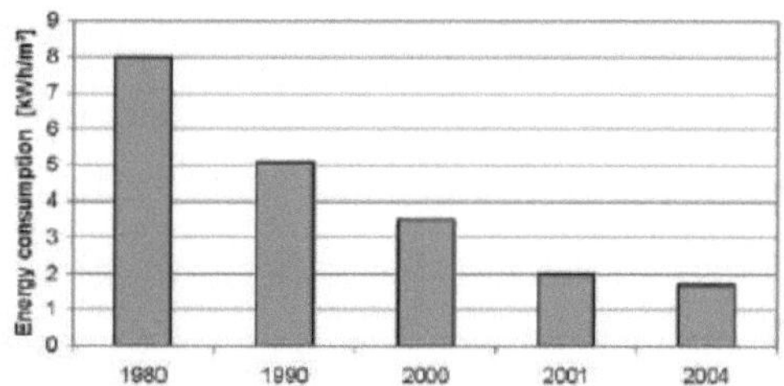

Figura 5. Evolução da redução de custos da OR[11]

1.2.2. Nano-filtração [NF]

A membrana de nanofiltração [NF] é um tipo de membrana de pressão feita de filmes poliméricos com poros de tamanho entre 1-10 nm, ou com um corte de peso molecular [MWCO] entre 300-1000 [12]. O MWCO é uma unidade que expressa o tamanho dos poros. A NF oferece várias vantagens, tais como baixa pressão de funcionamento, elevado fluxo, elevada retenção de sais aniónicos multivalentes e um peso molecular orgânico superior a 300, investimento relativamente baixo e baixos custos de funcionamento e manutenção. As desvantagens das membranas NF são semelhantes às das membranas RO e MED.

1.2.3. Electrodialise [ED]

A eletrodiálise ou eletrodiálise reversa [EDR] é recomendada para aplicações em água salobra e introduz uma tecnologia de membrana que compete com a osmose inversa. Pode ser utilizada para a concentração ou remoção de espécies carregadas em soluções aquosas. A ED tem sido utilizada à escala industrial desde a década de 1960. O processo baseia-se no movimento de espécies carregadas num campo elétrico utilizando membranas de permuta aniónica [AEM] e membranas de permuta catiónica [CAM]. Entre as outras técnicas para a dessalinização da água do mar ou da água salobra, a eletrodiálise continua a ser a técnica mais promissora, especialmente para a água com baixas concentrações de sal, e é considerada a técnica mais vantajosa [13].

1.3. Custo da dessalinização

O custo da dessalinização varia com o método de dessalinização utilizado, com o tipo de água inicial utilizada [salobra ou água do mar] e com a capacidade da unidade em funcionamento devido à economia de escala.

As estimativas do Congresso dos EUA para o custo da dessalinização da água por OR no ano de 1988, sem mencionar a capacidade da instalação, oscilam entre 0,26-0,35 euros [0,32-0,44 dólares] por m^3 para a água salobra e 1,26-2,84 euros [1,57-3,55 dólares] por m^3 para a água do mar, que contém dez vezes mais contaminantes [14]. 16 anos mais tarde, a mesma fonte estimou que os preços da dessalinização da água do mar caíram para um intervalo de 0,18-0,22€ [0,220,28$] por m^3 . O custo da dessalinização com base na capacidade da central é apresentado no Quadro 1 [14].

Tabela 1. Custo da dessalinização por OR com base na capacidade da instalação [14]

Tipo de água	DailyPlant Capacidade [m]^3	Custo por m^3	Referências
Água salobra	<1000	0.63-1.06€ [$0.78-1.33]	[14-17]
	5,000-60,000	0.21-0.43€ [$0.26 -0.545]	[18-21]

Água do mar	<1000	1.78-9€	[21], [22-25]
	1000-5,000	0.56-3.15€	[21], [26-30]
	12,000-60,000	0.35-1.3€[$0.44-1.62]	[21-21], [31-39]
	>60,000	0.40-0.80€[$0.50-1.00]	[32, 33, 36], [40 -44]

Em resumo, os resultados mostram que o tratamento da água salobra custa unidades monetárias do que o da água do mar, o que se deve à diferente qualidade da água tratada. O custo da dessalinização com base no tipo de energia utilizada para alimentar a instalação de dessalinização RO, incluindo fontes convencionais como os combustíveis fósseis e as FER, pode ser visto na Tabela 2.

Tabela 2. Custo da dessalinização com base na energia utilizada para alimentar a central [14]

Tipo de água	**Energia utilizada**	**Custo por m³**	**Referências**
Salobra	Convencionais [combustíveis fósseis]	0.21-1.06€ [$0.26-1.33]	[15-17], [18-21],
	Fotovoltaica	4.50 10.32€	[45]
	Geotérmica	2.00€	[45]
Água do mar	Convencionais [combustíveis fósseis]	0.35-2.07€	[8-10, 12, 15, 18, 22, 29, 35, 36]
	Vento	1.00-5.00€	[24, 26, 28, 45]
	Fotovoltaica	3.14-9.00€	[23, 26]

A partir da tabela 2, pode ver-se que as instalações de dessalinização RO alimentadas por combustíveis fósseis são mais económicas quando comparadas com as alimentadas por fontes de energia renováveis [FER]. Isto deve ser devido ao estabelecimento predominante de combustíveis fósseis; a sua utilização na indústria tem sido muito mais longa do que a das energias renováveis e, por isso, o sector industrial não tem de investir mais neles. Além disso, tem havido múltiplas inovações de I&D nos combustíveis fósseis, conseguindo melhorar a sua eficiência. Além disso, os combustíveis fósseis são mais subsidiados do que a energia fotovoltaica, solar e eólica. Relativamente à dessalinização RO de água salobra, a energia geotérmica provou ser o método menos dispendioso quando comparado com outras FER [46].

Na tabela 2, os combustíveis fósseis continuam a ser mais baratos do que as FER na dessalinização da água do mar, seguidos da energia eólica e da energia fotovoltaica como métodos mais caros.

Capítulo 2. Dessalinização no Qatar

A dessalinização é a principal tecnologia para fazer face à escassez de água no Qatar e na região do Golfo, sendo os processos térmicos e de membrana os métodos mais comuns. A dessalinização multiestágio (MSF) e a destilação de múltiplos efeitos são as tecnologias de dessalinização predominantemente utilizadas no Qatar, com uma quota de 80,6% e 19,4%, respetivamente [48], embora a MSF apresente efeitos ambientais adversos devido às emissões de gases com efeito de estufa [49].

A Kahramaa é a empresa nacional do Qatar que opera as redes de eletricidade e água. O sistema de abastecimento de água do Qatar inclui 2 instalações de dessalinização, 5400 km de linhas de transmissão e distribuição de água, 290 milhões de galões de capacidade de armazenamento em reservatórios e 22 estações de bombagem de água [48]. A organização definiu uma estratégia que ajudará o sector da água a continuar a funcionar corretamente nos próximos anos. Os objectivos estabelecidos pela organização são os seguintes:

- Manter um abastecimento de água ininterrupto aos clientes durante 24 horas
- Aumento da reserva de armazenamento de água para 7 dias
- Estudo/implementação de recursos energéticos alternativos para a produção de água [ex. nuclear-solar]
- Reduzir as perdas de água.

De acordo com Kahramaa, a água dessalinizada representa cerca de 99,9% do total da água produzida no Qatar, enquanto apenas 0,10% provém de águas subterrâneas; o aumento médio anual do abastecimento de água até 2008 foi de 10,3%, enquanto o aumento médio anual da procura de água foi de 9,9%. As previsões para 2017 [de 2009] indicam um aumento da procura de 82% e da oferta de 60% devido à rápida expansão da população [48].

A Figura 6 mostra a localização de algumas das estações de tratamento de água no país.

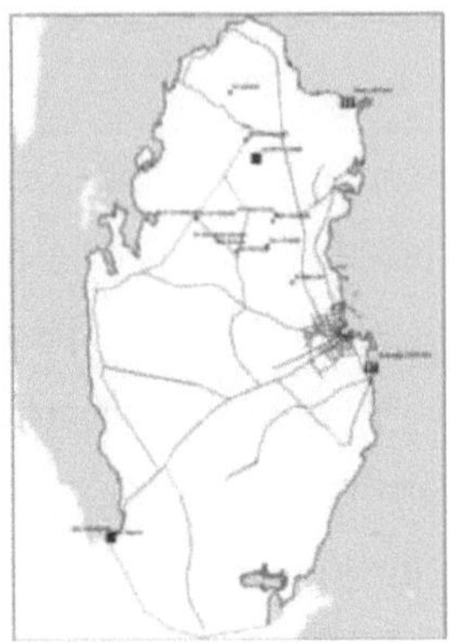

Figura 6. Centrais de dessalinização no Qatar [50]

A fábrica de Ras Abu Fontas pode ser vista nas Figuras 7 e 8, enquanto a fábrica de Ras Lafan está representada nas Figuras 9 e 10.

Figura 7. Sítio de Ras Abu Fontas [50]

Figura 8. Estação de Ras Abu Fontas [50]

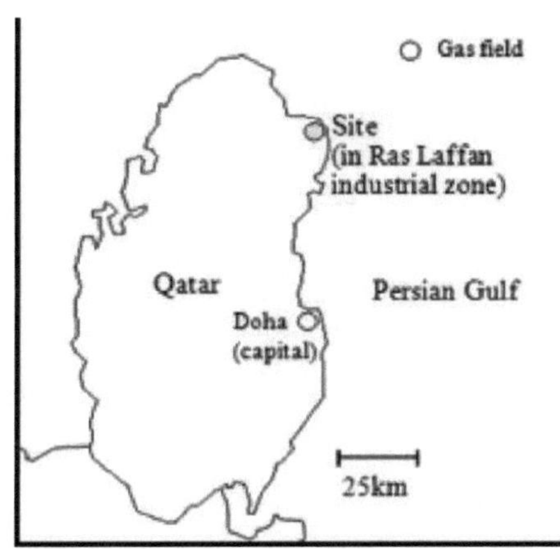

Figura 9. Localização da estação de tratamento de água de Ras Lafan [50]

Figura 10. Local da estação de tratamento de água de Ras Lafan [50]

2.1 Produção de água no Qatar e necessidades energéticas associadas

No Qatar, existem sete centrais de dessalinização em funcionamento. O quadro 3 mostra a capacidade de água e de energia eléctrica de cada central.

Tabela 3. Principais centrais eléctricas e de dessalinização de água do Qatar e respectivas capacidades [51]

Instalação de dessalinização	Capacidade da central eléctrica [MW]	Capacidade total de água m /d³	Capacidade total de água Milhões de galões imperiais/dia	Data de arranque da fábrica
RAF A	497	318,226	70	1980
RAF B	609	150,000	33	1995

RAF B1	377	240,000	53	2002
RAF B2	567	136,000	30	2003
Ras Laffan A	756	181,843	40	2006
Ras Laffan B	1,025	272,760	60	2009
Ras Girtas	2,730	286,400	63	1983
Total	6,561	***1,585,229***	***349***	

A maior central de dessalinização do Qatar está localizada em Ras Abu Fontas [RAF], no sul de Doha, enquanto as restantes se situam em Dukhan, Ras Laffan, Mesaieed, Umm Bab, Abu Samra e Al Shamal, todas com o objetivo de produzir água doce para as necessidades da população e para as indústrias agrícolas. As centrais mais antigas são Ras Abu Fontas A e Ras Girtas, em funcionamento desde 1980 e 1983, respetivamente. Apesar de terem sido as primeiras centrais no Qatar, a sua capacidade total de água [TWC] continua a ser a mais elevada de todas as outras, com Ras Abu Fontas A a produzir 70 milhões de galões imperiais por dia [MIGD] e Ras Girtas 63 MIGD. 15 anos mais tarde [em 1995], a fábrica Ras Abu Fontas B entrou em funcionamento, produzindo 33 MIGD. As restantes quatro fábricas foram estabelecidas depois de 2000, sendo a primeira Ras Abu Fontas B1 em 2002, com 53 MIGD, e Ras Adu Fontas B2 um ano mais tarde, em 2003, com 30 MIGD. As centrais mais recentes incluem Ras Laffan A, em 2006, e Ras Laffan B, em 2009, com 40 e 60 MIGD, respetivamente. A produção total de água no Qatar está estimada em 349 MIGD, o que equivale a 1.585.229 metros cúbicos por dia. No entanto, a rápida expansão da população do país cria um grande desafio para as autoridades do Qatar, não só para manter a segurança da água, mas também para manter os reservatórios de água durante um período mais longo.

Analisando o consumo de energia eléctrica de cada central de dessalinização, a tabela 3 mostra que Ras Girtas é a maior, com 2.730 MW, embora seja a segunda central de dessalinização em funcionamento no país [51]. Segue-se Ras Laffan B, com menos de metade da capacidade de Ras Girtas, seguida de Ras Laffan A, com um consumo de 1056 e 756 MW, respetivamente. Segue-se a central de Ras Abu Fontas B, com 609 MW, seguida de Ras Abu Fontas B2, com 567 MW. As duas centrais com menor consumo de energia são Ras Abu Fontas A, com 497 MW, e Ras Abu Fontas B1, com 377 MW.

Durante a primeira década de operação das usinas de dessalinização no Qatar, o consumo total de energia pelas duas únicas usinas em operação na época [RAF A e Ras Girtas] foi de 3.227 MW, o que é quase metade do consumo das usinas em operação até 2006 (6.561 MW) [51]. Este valor indica o avanço da tecnologia de dessalinização no país.

2.2 Custo da dessalinização atualmente implementada no Qatar

A Companhia Nacional de Eletricidade do Qatar (Kahramaa) avaliou o custo total de produção da água dessalinizada em 2,74 dólares por metro cúbico [52]. Isto envolve o custo de produção ($1,64) e o custo de distribuição ($1,10) por metro cúbico. É óbvio que o custo de produção da água dessalinizada representa aproximadamente 70% do custo total. Um método de cálculo interessante para este custo, que depende dos diferentes preços do gás natural, foi aplicado em 2016 [53]. A Tabela 4 mostra os custos de dessalinização para os métodos de Dessalinização Flash Multi-Stage e Osmose Inversa da Água do Mar (SWRO) a diferentes preços do Gás Natural. O custo total apresentado na tabela considerou os custos de produção mais os custos de transporte, onde o custo de transporte foi definido para todos os países do CCG como $1,1/m^3 [52].

Tabela 4. Custo da produção de água dessalinizada (DW) a diferentes preços do gás nacional (NG) [52]

Custo de produção de gás natural ($/MMBtu)	DW (MSF) Custo de produção ($/m)^3	Custo total ($/m)^3	DW (SWRO) Custo de produção ($/m)^3	Custo total ($/m)^3	Diferença de custos (%)
0.75	1.04	2.14	0.62	1.72	67.74194
1	1.10	2.2	0.63	1.73	74.60317
2	1.33	2.43	0.68	1.78	95.58824
3	1.57	2.67	0.72	1.82	118.0556
4	1.81	2.91	0.77	1.87	135.0649

5	2.04	3.14	0.82	1.92	148.7805
6	2.28	3.38	0.87	1.97	162.069
7	2.52	3.62	0.91	2.01	176.9231
8	2.75	3.85	0.96	2.06	186.4583
9	2.99	4.09	1.01	2.11	196.0396
10	3.23	4.33	1.06	2.16	204.717
11	3.46	4.56	1.10	2.2	214.5455
12	3.70	4.8	1.15	2.25	221.7391
13	3.94	5.04	1.20	2.3	228.3333
14	4.17	5.27	1.24	2.34	236.2903
15	4.41	5.51	1.29	2.39	241.8605
16	4.65	5.75	1.34	2.44	247.0149
17	4.88	5.98	1.39	2.49	251.0791
18	5.12	6.22	1.43	2.53	258.042
19	5.36	6.46	1.48	2.58	262.1622
20	5.59	6.69	1.53	2.63	265.3595

Onde; MMBtu significa um milhão de unidades térmicas britânicas. Btu é uma unidade de trabalho que é igual a aproximadamente 1055 joules.

Pode ver-se na tabela que o MSF se revela um método de dessalinização mais caro do que a osmose inversa. Ao custo mais baixo de produção de GN ($0,75/MMBtu), a água dessalinizada por MSF é 67% mais cara do que por RO. A percentagem da diferença de custos aumenta continuamente até atingir 265% quando o custo do gás natural é de $20/MMBtu. Isto significa que, em termos de exploração dispendiosa de GN, a OR continua a ser um método económico e recomendável de produção de água dessalinizada.

2.3 Impactos ambientais da dessalinização

As tecnologias de dessalinização da água do mar conseguem fornecer ao Qatar água doce potável e de alta qualidade, reduzindo a exploração dos já escassos recursos hídricos subterrâneos. No entanto, a dessalinização apresenta algumas desvantagens sob a forma de impactos ambientais [2, 53].

A água de saída devolvida ao ecossistema marinho após o processo de dessalinização é alterada de três formas diferentes. Apresenta propriedades diferentes das do afluxo original; a sua energia térmica é aumentada, a composição química é alterada (carbono avançado, oxigénio e azoto, sais inorgânicos e possível presença de metais pesados devido à corrosão) e, finalmente, o perfil microbiano é alterado (bactérias e fungos) [54].

O primeiro impacto ambiental da dessalinização está relacionado com a sua utilização do solo [52]. Uma vez que a entrada das instalações de dessalinização é principalmente água do mar, estas estão localizadas em sítios costeiros que apresentam ecossistemas sensíveis de elevado interesse ambiental. A entrada de água do mar pode levar ao aprisionamento de organismos marinhos, perturbando a biologia e os habitats marinhos regionais e afectando assim a sustentabilidade global da linha costeira.

O segundo impacto está relacionado com o consumo total de energia envolvido nas instalações de dessalinização, uma vez que estas demonstram aplicar processos de utilização intensiva de energia. A grande maioria da energia utilizada na dessalinização é obtida a partir de combustíveis fósseis, o que resulta num aumento da produção de emissões de gases com efeito de estufa, especialmente de CO_2 . Em áreas onde a energia fóssil é de baixo custo e abundante, como o Médio Oriente, este impacto ambiental na qualidade do ar é mais emergente. O total de CO_2 emitido pelos processos de dessalinização no Qatar foi estimado em 7,04 Mega Toneladas [52]. Isto é igual a 14,67 kg de CO_2 libertado na atmosfera para produzir 1 m^3 de água dessalinizada.

O terceiro impacto ambiental está relacionado com as descargas de salmoura da dessalinização. O resultado do processo de dessalinização é uma água com maior salinidade e elevada concentração de salmoura. A salmoura pode conter metais pesados como o Ni, o Cr e o Zn [55], ou componentes de substâncias aditivas como o anti-incrustante, que é utilizado para evitar a incrustação de carbonatos e sulfatos para retardar o crescimento de cristais nas membranas de osmose inversa através do controlo do pH e da anti-incrustação [56]. O processo de cloração também afecta o ecossistema, uma vez que apresenta uma concentração elevada, enquanto a inserção excessiva de amoníaco afecta os valores de pH, sobrecarregando ainda mais o ecossistema [57]. A salmoura pode ser até três vezes mais densa do que a água salgada e tóxica [57]. O esgotamento do oxigénio é um perigo da salmoura derivada da osmose inversa (OR), devido ao bissulfito de sódio; a falta de oxigénio dissolvido pode ser perigosa para os organismos marinhos, enquanto alguns subprodutos do cloro são cancerígenos. A salmoura pode também conter produtos químicos residuais do processo de pré-tratamento, metais pesados ou agentes de limpeza. As figuras 11 e 12 mostram a salinidade observada pelo Departamento de Meteorologia do Qatar à superfície do mar e a 5 metros de profundidade.

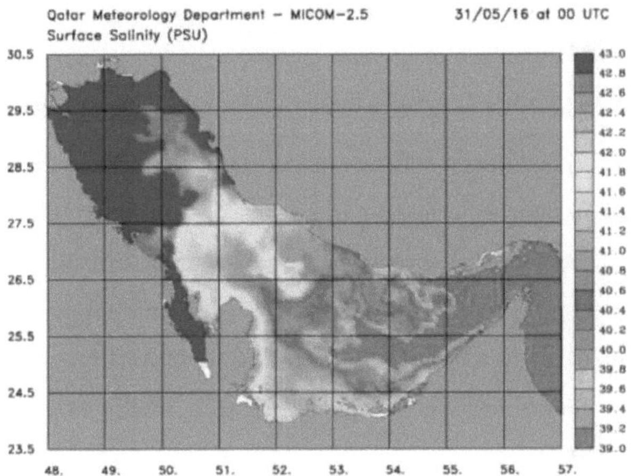

Figura 11. Salinidade à superfície [58]

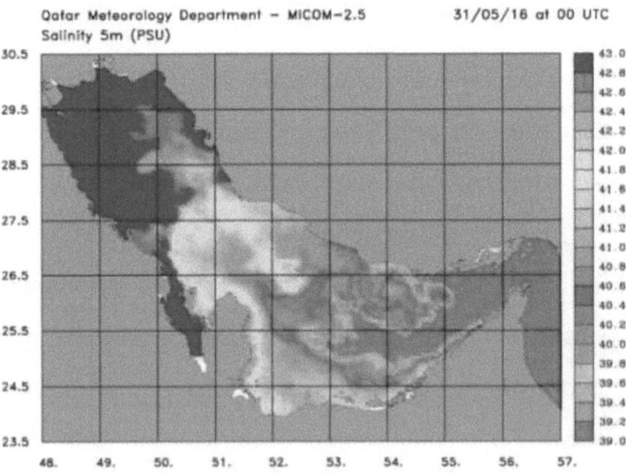

Figura 12. Salinidade a 5m de profundidade [58]

No que diz respeito aos factores naturais, a elevada salinidade em torno da costa do país pode ser explicada por três processos: evaporação avançada da água, especialmente durante os períodos de verão, taxas de precipitação muito baixas e pouco afluxo de água doce do interior. De acordo com as medições do Programa das Nações Unidas para o Ambiente (PNUA) e da Convenção sobre a Diversidade Biológica (CDB), a salinidade costeira do Qatar varia entre 39 ppt e 41 ppt à superfície. No entanto, também se observou que a salinidade era de cerca de 60 ppt nalgumas zonas [59], enquanto outros determinaram que os valores no Golfo de Salwah variavam entre 53 ppt em Dukhan e 58 ppt a sul, em Abu Sanura [60]. O aumento dos valores de salinidade da água pode desempenhar um papel positivo ou negativo para a biodiversidade da água. Tem-se argumentado que, devido aos elevados valores de sal na água do mar, a acidificação do Golfo Arábico tornou-se menor [61]. Por outro lado, foi também sugerido que níveis elevados de salinidade aumentam a brancura da água, o que, por sua vez, pode perturbar os procedimentos fotossintéticos [62]. Uma menor admissão de luz reduzirá a biodiversidade do Golfo e afectará a formação de plâncton, resultando na extinção de espécies aquáticas. Além disso, as alterações químicas devidas à diminuição da salinidade podem reduzir a quantidade de oxigénio dissolvido na água do mar, ameaçando a vida marinha [54]. No que diz respeito aos níveis de oxigénio, valores ainda mais reduzidos na água do mar de retorno podem resultar da desaeração, que é um procedimento para reduzir os incidentes corrosivos nas instalações de dessalinização [63].

Capítulo 3. Centrais de dessalinização alimentadas a energia solar em Qatar

O impulso do Qatar nos domínios financeiro e demográfico colocou o país perante muitos desafios. A investigação e o desenvolvimento estão continuamente a fornecer soluções diversas e eficazes que podem ajudar o país a enfrentar estes desafios e a cumprir as suas missões. As questões de segurança alimentar, combinadas com a poupança de energia e as aplicações de energias renováveis para reduzir as emissões de poluentes atmosféricos, conseguiram trazer para o país a produção local de alimentos com tecnologias inovadoras de poupança de energia. Além disso, o futuro da energia solar do Qatar está a desenvolver-se de forma constante com a sua média diária de sol de cerca de nove horas e meia e as suas condições de baixa cobertura de nuvens.

3.1 Introdução às aplicações da produção de energia renovável no Qatar

De acordo com a visão do Qatar 2030, estão a ser envidados esforços para colocar a gestão dos recursos do Qatar numa via sustentável para as gerações futuras. Com base no relatório do Ministério do Ambiente sobre as Contribuições Nacionalmente Determinadas Pretendidas (INDC), de 19 de novembro de 2015, o Qatar está a alcançar a eficiência energética e, apesar da abundância de gás, está a investir em recursos energéticos limpos e renováveis.

Com a capacidade de energia solar do Qatar, existe uma grande margem para projectos de energia solar de pequena, média e grande escala no país. Os factos que se seguem foram apresentados pela Dra. Govina Rao durante a Cimeira Solar do Qatar, organizada pela Qatar Petroleum em Doha, em 2013.

- Cada quilómetro quadrado de terreno no Qatar recebe uma energia solar (por ano) equivalente a 1,5 milhões de barris de petróleo.

- Uma Irradiância Líquida Diária (DNI) de 1800 kWh/m^2 /ano é considerada suficiente para alimentar as centrais CSP (Concentrated Solar Power), e uma DNI de 2000 kWh/m^2 /ano é considerada como uma quantidade viável de radiação.

- O DNI do Qatar é de 2008 kWh/m /ano^{2}

- A média diária de sol no país é de cerca de nove horas e meia, com condições de baixa nebulosidade e muito espaço.

O potencial do Qatar para investir noutras FER, como a energia eólica, a biomassa e a energia das marés, não é tão elevado como o da energia solar, mas não pode ser considerado insignificante [64]. O perfil eólico do país apresenta vantagens promissoras para o investimento em turbinas eólicas para perfuração de água ou eletrificação em áreas remotas. Além disso, o tratamento de resíduos domésticos já está a funcionar no Centro de Gestão de Resíduos Sólidos Domésticos, situado no sul do país, para a produção de biomassa.

Entre todas as FER, o sector solar detém a maior parte da investigação. Instituições de ensino locais, como a Fundação Qatar (QF) e o Parque de Ciência e Tecnologia do Qatar (QSTP), juntamente com empresas governamentais como a Kahramaa, tentam fazer do país a capital solar da região. A Qatar Foundation conseguiu produzir mais de 80% da energia solar global do país. A investigação também se alargou à produção de materiais para painéis fotovoltaicos, pelo que a fábrica da QStech está programada para produzir 8T0^6 kg de polissilício [65]. O campus da QF na Qatar Education City está atualmente parcialmente electrificado por painéis fotovoltaicos, com uma produção total de energia de 1,68 MW. Para além da instalação de painéis solares nos telhados, o planeamento da Kahramaa inclui uma central de energia solar com uma capacidade prevista de 15 MW. O objetivo da empresa é gerar um total de 10 000 MW até 2020 a partir de painéis fotovoltaicos que ocupam aproximadamente 10^6 metros quadrados. Esta quantidade representa quase 5% da potência total de 200 000 MW necessária nessa altura [66]. Estes investimentos estão a revelar-se adequados para a futura expansão da produção de energia em grande escala para fins industriais e comerciais. Uma das aplicações úteis para a qual a produção de energia solar pode contribuir é a dessalinização da água. A produção de energia solar concentrada (CSP) pode energizar eficazmente os processos de dessalinização térmica ou por membranas da água do mar. A dessalinização da água do mar pode contribuir para o problema da escassez de água que o país enfrenta. A produção de água, para além das necessidades industriais e municipais, é também valiosa para o sector agrícola. O Programa Nacional de Segurança Alimentar (NFSP) tem como objetivo que o Qatar se torne um país autossuficiente em termos alimentares até 2023, importando apenas uma pequena percentagem de frutas e legumes. Prevê-se que a produção agrícola interna aumente de modo a cobrir as necessidades da população.

A dessalinização da água do mar pode, por conseguinte, contribuir para o objetivo do NFSP, produzindo água para irrigação e fins agrícolas. Por conseguinte, pode concluir-se que a promoção da produção de energia fotovoltaica é altamente adequada às necessidades do país.

Em resumo, a produção de energia solar tem múltiplas vantagens para o Qatar, sob a forma de segurança energética, melhoria da qualidade do ar, redução das emissões de gases com efeito de estufa, oportunidades de emprego, bem como aumento da segurança hídrica e alimentar.

3.2 Custos da dessalinização da água por energia solar

Nesta secção, é investigada a viabilidade económica dos processos de dessalinização por energia solar em ambientes áridos como o Qatar. A investigação centrar-se-á principalmente nos painéis fotovoltaicos e nos custos das unidades de dessalinização RO.

No caso das unidades de dessalinização por OR, o custo do capital fixo inclui os custos dos seguintes elementos: o sistema de captação de água bruta, a conduta de captação, o sistema de armazenamento de água bruta, as unidades de pré-tratamento e pós-tratamento, as bombas de baixa e alta pressão, as bombas e condutas de evacuação, o sistema de armazenamento de água doce, o terreno e os edifícios, o laboratório, os serviços de engenharia e jurídicos, bem como o seguro de toda a unidade [67].

No caso dos painéis fotovoltaicos, o custo de produção tem vindo a diminuir nos últimos 30 anos. Os preços actuais são de 1,25 dólares (=4,55 QR) por Watt e a indústria pretende baixar os preços para menos de 1 dólar (=3,6 QR) por Watt [68]. A possível redução adicional dos preços pode resultar principalmente dos avanços tecnológicos e das limitações dos intermediários no que respeita à distribuição [69].

No caso do Qatar, esses investimentos podem revelar-se mais baratos devido a um possível subsídio do governo. O custo de aquisição das membranas OR dependerá da quantidade de caudal a tratar, da frequência de substituição das membranas (em que uma maior frequência de substituição conduz a custos de hardware mais elevados [70] e dos custos de energia de funcionamento [71]).

Os investimentos em sistemas de armazenamento de energia (como as baterias) são também importantes para armazenar o excesso de energia solar produzida para ser utilizada mais tarde, quando necessário [72].

O investimento de natureza logística é outra despesa importante que não pode ser negligenciada. Uma vez que o sistema pode ser instalado em zonas remotas, os custos de transporte das membranas e dos painéis fotovoltaicos também têm de ser tidos em conta [73].

Os custos de funcionamento e manutenção são considerados como aproximadamente 1/50 (=2%) do investimento total [74]. O custo de manutenção incide principalmente no pré-tratamento da água de alimentação e no pós-tratamento das membranas. A água de entrada tem de ser filtrada para a remoção de sílica, matéria orgânica e areia, enquanto a cloração, a adição de coagulantes, floculantes, anti-incrustantes e ácidos sulfúricos também aumentam o custo global [75]. O custo da mão de obra depende principalmente da escala do projeto e do nível de automatização [76]. ***No Qatar, a mão de obra*** não qualificada é geralmente mais mal paga do que nos países da UE e, provavelmente, o custo da mão de obra pode ser inferior.

3.3 Impactos ambientais envolvidos na dessalinização da água com energia solar

A dessalinização da água do mar com recurso a combustíveis fósseis é um método de utilização intensiva de energia. Estima-se que uma produção diária de 1000 m^3 por dia de água doce requer 10^7 toneladas de petróleo por ano, com um consequente impacto ambiental de 156 toneladas métricas de CO_2 por dia [77]. No entanto, considera-se que o processo de dessalinização alimentado por FER reduz o impacto ambiental em até 85% quando comparado com a dessalinização associada a combustíveis fósseis [78].

O impacto ambiental no ecossistema marinho continua a existir com a dessalinização por energia solar devido à salmoura depositada no mar, como foi referido na secção 2.3. Esta salmoura apresenta uma maior concentração de sal e está a uma temperatura mais elevada do que a água do mar, o que resulta numa perturbação da neutralidade do Golfo Arábico. Baixas quantidades de aditivos antiescala e antiespuma podem tornar a salmoura livre de poluição, não perturbando assim o ecossistema [79].

O impacto ambiental na qualidade do ar resultante das emissões de gases com efeito de estufa é menor com a dessalinização por energia solar. Em Abu Dhabi, a instalação de painéis fotovoltaicos com uma produção total de energia de 10 MW conseguiu produzir 24 GWh de energia sem sobrecarregar o ambiente com mais de 10^7 kg de emissões de gases com efeito de estufa. Esta redução da poluição atmosférica é equivalente a 47 milhões de dólares [80]. Na Austrália, verificou-se que as emissões de gases com efeito de estufa das instalações de dessalinização RO alimentadas a energia solar são ~90% inferiores às de uma unidade semelhante electrificada por geradores a carvão [81].

Em conclusão, a utilização da dessalinização solar RO no Qatar pode reduzir as emissões antropogénicas dos processos de dessalinização, mantendo as reservas de petróleo e gás do Qatar para utilizações alternativas.

3.4 Centrais de dessalinização com energia solar no Qatar

3.4.1 A unidade-piloto instalada em "Ruwais

Uma promissora instalação de dessalinização de água totalmente automatizada, alimentada por uma fonte de energia solar sem carbono, foi instalada numa quinta local do Qatar. A unidade de dessalinização RO está localizada em Al-Ruwais, na parte norte do país, e é considerada uma unidade pioneira de dessalinização de água por osmose inversa totalmente alimentada por energia solar. A central foi instalada na quinta da família Al Sada para evitar os elevados custos associados ao transporte de água para a quinta. A central utiliza a energia solar para alimentar a unidade de dessalinização por osmose inversa, com baixos custos de manutenção e uma produção de energia sustentável. O lançamento oficial do projeto teve lugar no primeiro trimestre de maio de 2016. O orçamento global do projeto foi de 250 000 dólares e o período de retorno do investimento foi estimado em 4,5 anos. A unidade de dessalinização RO que foi instalada na quinta é de pequena escala, e as unidades fotovoltaicas utilizadas são policristalinas fornecidas pela Jurawatt Vertrieb GmbH, que é um fornecedor alemão líder de módulos solares de alto desempenho. Estes painéis fotovoltaicos foram especialmente concebidos para tolerar temperaturas ambiente até 125^0 C, o que os torna adequados para zonas áridas e semi-áridas onde as temperaturas são extremamente elevadas. As unidades instaladas são 100% livres de Degradação Potencial Induzida (PID). A PID é responsável pelo mecanismo de envelhecimento dos módulos que leva à diminuição da potência do módulo FV. As especificações e características técnicas das unidades FV instaladas são apresentadas na Tabela 5.

Tabela 5. Especificações dos painéis fotovoltaicos [82]

Características	Dimensões	(C) 1650 mm x (B) 991 mm x (T) 35 mm;
	Peso	20,5 kg
	Número de células	60
	Tamanho da célula	156 mm x 156 mm
	Material celular	Si policristalino
	Comprimento do cabo	1000 mm
	Capa	Vidro solar
	Película do verso:	Polímero
	Material da armação	Alumínio
	Tipo de conetor	Bypass compatível com MC4
	Número de díodos	3
Dados eléctricos	Saída nominal/Potência nominal/Pico Potência ou Pmax (Pmpp)	250 W
	Corrente nominal à potência máxima (Impp)	8,30 A
	Tensão nominal de saída (Umpp)	30,12 V
	Corrente de curto-circuito Isc	9,02 A
	Tensão de circuito aberto Uoc	37,10 V
	Eficiência	15.30%

	Ordenação	+4,99 / 0 W
	Tensão máxima	1000 V
Coeficiente de temperatura	-0,38 %/K -1,002 W/K	
	-0,32 %/K -0,121 V/K	
	-0,001 %/K -0,001 A/K	
	-0,318 %/K -0,118 V/K	
	0,077 %/K -0,006 A/K	

O projeto desta central é propriedade do Grupo Monsson, uma empresa pioneira em aplicações eólicas e solares, criada em 1997. A Monsson está em estreita colaboração com três institutos de investigação ; dois na Suécia *[IVL Swedish Environmental Research Institute* e *KTH Royal Institute of Technology]* e um na Suíça *[Geneva State University HEPIA]*. A empresa é especializada em instalações de osmose inversa que são alimentadas por painéis solares fotovoltaicos sem necessidade de eletricidade adicional. De acordo com o seu sítio Web oficial, a Monsson tem-se concentrado nas energias renováveis desde 2004 e tornou-se um importante promotor de energia com mais de 2400 MW de projectos na sua carteira. A empresa destaca a importância do desenvolvimento de soluções energéticas sustentáveis no Qatar em termos de ambiente e de reservas de gás e petróleo, na sequência do relatório do Ministério do Ambiente sobre as Contribuições Nacionalmente Determinadas (INDC), de 19 de novembro de 2015. O maior desafio que a Monsson enfrentou na implementação deste projeto-piloto foi a quantidade de areia encontrada na água de entrada, mais do que a quantidade de sal. As membranas das unidades de dessalinização, devido a concentrações tão elevadas, terão, por conseguinte, de ser mudadas de 3 em 3 anos, uma vez que o seu desempenho está 40% deteriorado.

A. Produção de eletricidade da central fotovoltaica instalada na quinta de Al Sada

A central fotovoltaica que foi instalada para alimentar a estação de dessalinização de água na quinta de Al Sada inclui 80 unidades fotovoltaicas com um comprimento total de 50 m, como se pode ver na Figura 13. Cada unidade produz 250W com uma produção total de 20kW.

Figura 13. Os painéis fotovoltaicos instalados na quinta de Al Sada [82]

A central apresenta um baixo consumo de energia. Durante o dia, o desempenho dos painéis é suficientemente adequado para produzir a eletricidade necessária para alimentar a unidade de dessalinização, não sendo necessária qualquer contribuição extra de energia da rede de Kahramaa. Além disso, a eletricidade produzida pelas unidades fotovoltaicas instaladas é também suficiente para alimentar outras instalações da quinta e as suas capacidades energéticas podem ser aumentadas, se necessário. Atualmente, 60% da energia produzida pelas unidades fotovoltaicas instaladas é utilizada para alimentar a unidade de dessalinização e os restantes 40% são utilizados para alimentar as necessidades energéticas internas da exploração. A unidade de armazenamento de energia utilizada neste sistema é de 50% da energia produzida, assistida por um gerador de reserva para condições de emergência. As baterias instaladas podem fornecer eletricidade durante meia hora a uma potência de 10 kW. O serviço completo das unidades operacionais foi acordado por mais 10 anos, o que indica que a tecnologia não se encontra numa fase experimental, mas está 100% operacional de forma estável. O sistema de dessalinização instalado é inteiramente operado à distância e monitorizado numa base diária e ininterrupta.

B. Produção de água da fábrica de dessalinização de água instalada na quinta Al Sada

De acordo com uma entrevista com o Diretor Executivo da MONSSON, as unidades de dessalinização da quinta podem fornecer 100m^3 de água doce por dia. A fazenda está equipada com grandes tanques de água para o armazenamento da água dessalinizada.

A central de dessalinização instalada é capaz de fornecer água à exploração agrícola a preços mais baixos do que a água dessalinizada vendida nos mercados comerciais. A empresa calculou que o custo é quase três vezes menor do que o da água transportada comprada no mercado. O custo da água transportada para a quinta é de aproximadamente \$1,42 por m^3 enquanto o custo da água produzida pelas unidades de dessalinização instaladas na quinta de Al-Sada é de \$0,49 por m^3. As razões por detrás deste custo mais baixo provêm de:

a) Sem custos de pessoal, uma vez que a instalação é operada automaticamente.

b) Baixos custos de consumo de energia devido à integração da energia solar para alimentar a central de dessalinização. Durante o dia, a central de dessalinização funciona com um consumo zero de energia (ou seja, sem custos energéticos), uma vez que é alimentada pela luz do sol e não pela eletricidade da rede.

c) Baixos custos de funcionamento/manutenção; os componentes envolvidos neste sistema não necessitam de manutenção e são de elevada qualidade e fiabilidade, com poucas possibilidades de substituição frequente.

C.O dispositivo de limpeza integrado nos painéis fotovoltaicos instalados

Tendo em conta o problema de escassez de água que o país enfrenta, a limpeza dos painéis fotovoltaicos é efectuada a seco. O sistema de painéis fotovoltaicos instalado está equipado com um inovador dispositivo de limpeza de painéis a seco [DPCV] totalmente automático, concebido por um robot, como se pode ver na Figura 14. O sistema está equipado com uma escova rotativa especial para remover o pó da superfície dos painéis sem os danificar e sem utilizar água. O sistema de limpeza está equipado com um sensor que permite que o sistema de limpeza funcione automaticamente quando o pó acumulado afecta a eficiência da produção de energia FV, podendo levar a uma melhoria da produção de energia até 25%. Este sistema de limpeza a seco instalado não requer a instalação de tubagens e tanques de água, pelo que são evitados produtos químicos que possam prejudicar a superfície fotovoltaica ou o ambiente. Pode funcionar a temperaturas ambiente muito elevadas [60^0 C] a uma velocidade aproximada de 8m/min.

Figura 14. Dispositivo de limpeza de painéis a seco [82]

A estrutura do dispositivo de limpeza pode implementar sensores meteorológicos que podem recolher dados relativos às condições atmosféricas. Estes dados podem ser avaliados a partir da unidade central para colocar as unidades em funcionamento remotamente.

D. Utilização da água da dessalinização para irrigação

O conceito de instalações de dessalinização por energia solar pode ser alargado a locais muito remotos para o abastecimento de água doce e para a irrigação a custos razoáveis. Também podem ser construídas estufas especialmente concebidas para os desertos, de modo a permitir a produção de vegetais durante todo o ano, sem necessidade de aprovações especiais. A futura ligação dessas instalações de dessalinização à rede de distribuição de água existente pode contribuir para o abastecimento da população com água potável. Estas ligações à rede de distribuição de água podem também ajudar a aumentar a capacidade do sector agrícola do Qatar. De acordo com o Ministro da Energia e da Indústria do Qatar, Dr. Mohammed bin Saleh Al Sada, o sector agrícola do país necessitará de 750 MW a 800 MW de energia proveniente de fontes renováveis para fornecer água de irrigação e outras necessidades de produção, como a refrigeração. Estes investimentos ajudarão o Qatar a tornar-se independente do investimento em terrenos no estrangeiro para a produção e importação de alimentos. Esta "apólice de seguro", tal como identificada por Fahad Al Attiya, presidente do Programa Nacional de Segurança Alimentar do Qatar, pode ajudar a recuperar terras do deserto e a transformá-las em áreas cultivadas. Uma vez que se prevê que os aquíferos naturais do país se esgotem nos próximos 20 anos, a dessalinização alargada é a única forma de abastecimento de água.

Dado que o sector agrícola consome aproximadamente mais de 83% da água na região do Médio Oriente, a extensão e a melhoria contínua da dessalinização da água e a sua integração na rede hídrica serão benéficas para a agricultura.

3.4.2Dessalinização de Monsson Target

O objetivo da empresa é implementar a osmose inversa em grande escala, com o objetivo de fornecer 336 000 m^3 de água por ano à rede nacional do Qatar, alimentada apenas por fontes eólicas e solares. A Figura 15 mostra o diagrama de progresso da unidade-alvo.

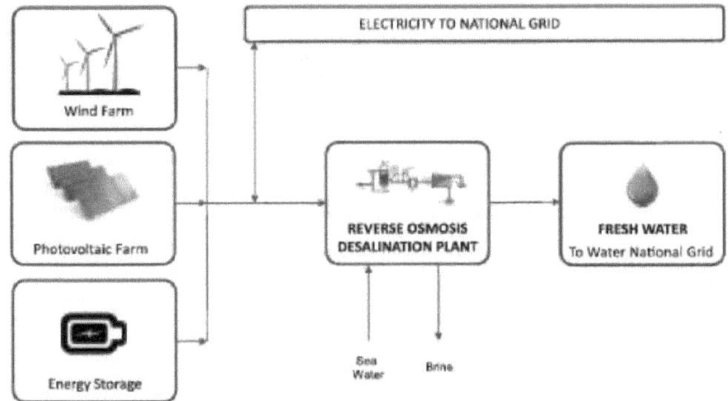

Figura 15. Diagrama do processo do projeto Monsson Target [82]

Este conceito, quando aplicado em grande escala, não só contribuirá para a redução das emissões de CO_2 , como também fornecerá água limpa e potável a cerca de um milhão de pessoas e criará mais de 800 novos postos de trabalho [82]. Esta central alvo pode ajudar o país a enfrentar os seus maiores desafios para fazer avançar as questões de segurança da água, uma vez que a sua população está a aumentar e, ao mesmo tempo, as elevadas exigências energéticas na perspetiva da diminuição das reservas de combustíveis fósseis.

Capítulo 4. A proposta de dessalinização de água para o Qatar

4.1 Características do sistema proposto

O sistema proposto para utilização no Qatar consiste numa unidade de dessalinização por osmose inversa (OR) da água do mar alimentada por um sistema solar fotovoltaico (PV). A unidade de dessalinização RO está a funcionar adaptando-se à fonte de alimentação solar fotovoltaica. A dimensão da unidade de dessalinização por OR é determinada tendo em conta o consumo regional per capita e a população em geral, que determinam indiretamente o funcionamento diário da unidade [83]. O sistema de OR ideal apresentaria um rácio de recuperação elevado (elevado caudal com o menor teor de sal) com a menor pressão aplicável. Esta baixa pressão de alimentação pode aumentar o ciclo de vida da membrana, tornando a sua substituição mais rara. No entanto, a dessalinização da água do mar exige pressões elevadas, como se verá mais adiante.

A unidade fotovoltaica sugerida para o sistema proposto para o Qatar consiste em módulos fotovoltaicos monocristalinos, baterias, controlador de carga e conversores. O sistema converte a energia solar em energia eléctrica a ser utilizada para bombear a água do mar e para eletrificar o funcionamento das membranas. Os módulos fotovoltaicos monocristalinos são feitos de silício de alta qualidade e apresentam as melhores taxas de eficiência, variando entre 21,5% [84] e 25% [85]. Este tipo de células solares produz o maior rendimento energético no menor espaço (espaço suficiente) com o maior período de garantia de 25 anos [86]. As células funcionam eficazmente em condições de luz alta e baixa [87]. A empresa BOSCH, com as certificações ISO/CE/TUV/IEC, fabrica estes painéis com células de 250 Watt. A corrente contínua (DC) produzida pelos painéis fotovoltaicos é convertida em corrente alternativa (AC) pelo conversor de potência. O excesso de produção de energia será armazenado numa bateria para fornecer energia estável em todas as condições de luz solar. A limpeza dos painéis será efectuada utilizando um Dispositivo de Limpeza de Painéis a Seco [DPCV] semelhante ao utilizado pela MONSSON na Instalação Piloto, apresentado na secção 3 .4.

A unidade de dessalinização da água do mar sugerida para o sistema proposto para o Qatar inclui uma bomba de aço inoxidável para conduzir a água para as membranas de osmose inversa e redes e filtros multicamadas para serem adequados à água arenosa do Qatar. As maiores partículas de areia não penetrarão nas membranas e, por conseguinte, não causarão a sua incrustação e deterioração. Os factores considerados para avaliar a dimensão da unidade de osmose inversa são a produção diária de água per capita e o total de horas de funcionamento por dia [77]. Um sistema de osmose inversa eficaz deve apresentar um elevado caudal de permeado a uma baixa salinidade do permeado, a uma baixa pressão de alimentação (o que pode ajudar a aumentar o tempo de vida da membrana). Normalmente, a pressão aplicada à água do mar é de 55-70 bar [83]. Bombas de aço inoxidável de alta pressão conduzirão a água do mar para a OR através de tubagens. Os tubos serão reforçados com redes de malha e filtros com diâmetro de rosca inferior a 1 mm [88]. As redes serão instaladas nas condutas à entrada da água do mar, como primeira fase do pré-tratamento, para remover as partículas de areia para proteção da membrana. O segundo nível de tratamento da água do mar inclui a cloração e a adição de aditivos anticalcário e antiespuma. Dois tanques de armazenamento em aço não ligado/alumínio serão ligados à entrada (para armazenar a água do mar pronta para dessalinização) e à saída (para armazenar a água dessalinizada). São também sugeridos para o sistema proposto sistemas de medição para monitorizar e registar a temperatura e a humidade ambiente, a pressão e a acidez da água à entrada e à saída. A tabela 6 resume as características sugeridas para o sistema proposto e a figura 16 mostra o projeto sugerido para a unidade de dessalinização.

Tabela 6. Características do projeto do sistema RO alimentado por energia fotovoltaica [24]

Especificações dos componentes da unidade de dessalinização PV-Seawater Reverse Osmosis (SWRO)		
Componente	**Marca**	**Especificação**
Módulos fotovoltaicos	Bosch	250 W
Controlador de carga	Controlador de carga	100A a 12/24/48V [89]

	Magnum Energy PT-100	
Inversor	GE	1500 VDC [90]
Bateria	Toshiba	
Tipos de membranas	Kubota	
Bomba de alimentação	GE	[91]
Tubos de alumínio	-	-
Redes	-	Malha de 1 mm

A figura 16 descreve o funcionamento da unidade de dessalinização da água do mar alimentada por energia solar proposta para o Qatar. A água é bombeada do mar (1) para o tanque de recolha (2). A água do mar é então filtrada através de redes de imersão (3) para remover a areia e os objectos de alto diâmetro que podem danificar as membranas. A água do mar filtrada é então recolhida num tanque (4) onde é pré-tratada (cloração, adição de coagulantes, floculantes, anti-incrustantes e anti-espumantes). Os painéis fotovoltaicos (5) convertem a energia solar recolhida em eletricidade que alimenta as membranas de OR (6). A água dessalinizada é finalmente recolhida no tanque (7) para ser distribuída de acordo com as necessidades locais.

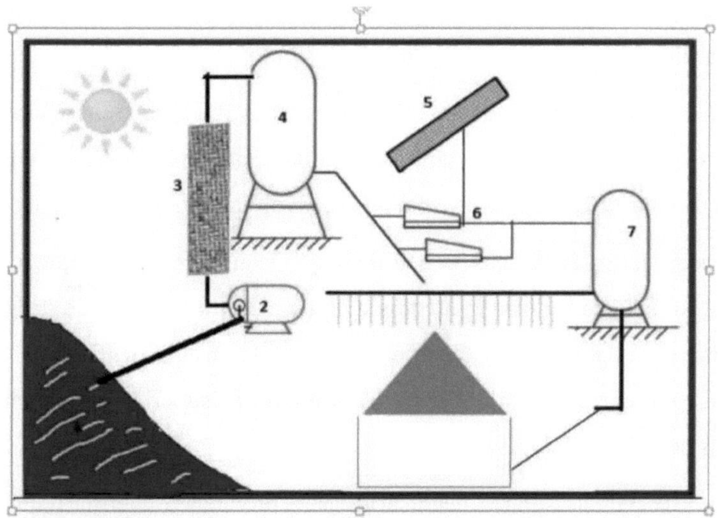

Figura 16. Projeto da unidade de dessalinização PV-RO

4.2 Vantagens do sistema proposto

Os principais benefícios do sistema proposto incluem:

1. Utiliza a energia solar, que não só é uma forma de energia gratuita como também é amiga do ambiente. Uma vez que o Qatar apresenta grandes quantidades de irradiância e a localização do país favorece as aplicações solares [92], a utilização desta capacidade será útil.

2. Oferece um custo construtivo baixo devido à queda contínua dos preços dos painéis fotovoltaicos.

3. Oferece baixos custos operacionais devido à ausência de manutenção dos painéis fotovoltaicos, que não têm partes móveis, e ao baixo custo da mão de obra no Qatar.

4. Permite a produção de eletricidade e água potável com menor pegada de carbono.

5. Permite o desenvolvimento em zonas rurais e desérticas que não têm acesso às redes nacionais de eletricidade e água.

4.3 Desafios do sistema proposto

As principais preocupações com que se pode confrontar a central de dessalinização de água do mar movida a energia solar são

1. A falta de um quadro político para as energias renováveis, de legislação e de acesso à rede no Qatar. O domínio da empresa pública Kahramaa pode desencorajar os produtores de eletricidade de investirem no desenvolvimento de um sistema deste tipo.

2. As elevadas reservas de gás e petróleo do Qatar fazem com que o custo da dessalinização da água utilizando a energia da rede seja inferior ao da dessalinização por energia solar. O custo da água proveniente de instalações de dessalinização alimentadas por energia solar é cerca de três vezes superior ao das instalações alimentadas pela rede [93].

3. O número de painéis solares necessários para produzir a energia requerida pode consumir um grande espaço de terra. Por conseguinte, a determinação efectiva da área necessária para o projeto proposto pode revelar-se mais eficaz em termos de custo económico. Os painéis fotovoltaicos de maior eficiência ocuparão menos espaço,

tornando o investimento mais acessível [94].

4. As instalações de dessalinização de água alimentadas por energia solar ou renovável são atualmente consideradas caras para o Qatar, mas a queda dos preços das energias renováveis pode criar oportunidades para o desenvolvimento do sistema proposto.

5. A sujidade dos painéis fotovoltaicos devido às frequentes tempestades de areia do Qatar e à falta de chuva pode resultar na acumulação de poeiras na superfície, o que, por sua vez, afecta a produção de energia do sistema e, por conseguinte, o processo de dessalinização, aumentando ainda os custos de funcionamento.

6. O clima rigoroso do Qatar, com valores elevados de temperatura e humidade, pode afetar as superfícies dos painéis fotovoltaicos, levando a um aumento dos seus custos de manutenção e substituição.

7. As flutuações na produção de energia das fontes renováveis podem prejudicar o processo de dessalinização, pelo que a inclusão de um armazenamento de energia eficaz é essencial, aumentando assim o custo global do sistema proposto [95].

4.4 Avaliação económica do sistema proposto

A análise global dos custos de um sistema de dessalinização por energia solar inclui três tipos de custos. Nomeadamente, os custos de investimento que se referem ao equipamento, à instalação, à mão de obra e ao custo de aquisição do terreno, os custos operacionais que incluem a manutenção e as substituições e, finalmente, os custos energéticos que descrevem a energia necessária para o funcionamento do sistema. As percentagens de cada custo no orçamento global do projeto, para os projectos de dessalinização por energia solar, podem ser vistas na Tabela 7. Os custos de investimento representam a maior parte do investimento, enquanto os custos de energia podem ser considerados tipicamente zero, uma vez que apenas é utilizada energia solar [96].

Tabela 7. Custos da dessalinização por energia solar [96]

Custos da dessalinização por energia solar		
Custos de investimento (%)	Custos operacionais (%)	Custos de energia (%)

30-90	10-30	0-10

O custo de capital para o sistema proposto inclui o custo do equipamento, equipamento auxiliar, terreno, encargos de instalação e o pré-tratamento da água. A avaliação económica do sistema proposto é apresentada no quadro 8. O dispositivo de limpeza de painéis a seco é avaliado em 1 % do orçamento global (como foi o caso na quinta Al-Sada). Os preços dos módulos fotovoltaicos foram encontrados de acordo com as suas características Watt [97].

Propõe-se um total de 160 unidades fotovoltaicas de 1.500 VDC. Os sistemas de 1.500 VDC (tensão mais elevada) propostos oferecem cordas mais longas que permitem menos caixas combinadoras, menos cablagem e abertura de valas e, por conseguinte, menos mão de obra. A instalação de sistemas de 1.500 VDC (em vez de 1.000 VDC) pode reduzir os custos em até US$ 0,05 por watt. Ao utilizar a arquitetura de 1.500 V em matrizes fotovoltaicas de maiores dimensões, os custos de manutenção e instalação diminuem, o que traz benefícios óbvios para as empresas de engenharia, aprovisionamento e construção (EPC), em especial as mais pequenas, por reduzirem as despesas gerais e aumentarem as margens [98].

Tabela 8. Avaliação económica do sistema proposto [47]

Especificações dos componentes da unidade proposta de dessalinização por osmose inversa da água do mar accionada por energia fotovoltaica			
Componente	**Unidades**	**Preço por unidade (QR)**	**Custo total (QR)**
Módulos fotovoltaicos Bosch 250W	160	2,26/Watt	90,400
Dispositivo de limpeza de painéis a seco [DPCV]	1	9,100	9,100
Controlador de carga (Magnum Energia PT-100)	5	400 [99]	2000
Inversor GE	4	7,280 [100]	29,120
Bateria	10	1950	19,500

Membranas	100	270	27,000
Bombas de alimentação de alta pressão GE	10	9,100	91,000
Tubos de alumínio	1	10,900/tonelada	10,900
Redes com malha de 1 mm	$30m^2$	$25/m^2$	750
Horas-homem	4000	25	100,000
Aditivos anti-calcário e anti-espuma	1 tonelada	12,740	12,740
CUSTO TOTAL DA INSTALAÇÃO			**392,510**

O custo de manutenção é uma despesa operacional necessária que assegura o funcionamento ótimo do sistema. O custo de manutenção é a despesa necessária para a substituição de peças e materiais, e para a limpeza e proteção do sistema contra a corrosão e a incrustação. Os custos anuais de operação e manutenção (AMC) são os custos anuais totais de propriedade e operação da unidade de dessalinização, incluindo a amortização ou encargos fixos, juntamente com os custos de operação, manutenção e substituição de peças. Com base numa consulta com o Sr. Lopu, o Diretor Executivo da MONSSON, a substituição das membranas é considerada como sendo de 3 em 3 anos. O Sr. Lopu declarou que a eficácia e a permeabilidade das membranas se reduzem em 40% ao fim de 3 anos, pelo que têm de ser substituídas. O custo de manutenção é considerado como sendo de 10 horas-homem/semana.

4.5 Avaliação ambiental do sistema proposto

Espera-se que o sistema proposto produza $1000m^3$ de água numa base diária. Com base nas unidades de dessalinização solar do Bahrein que produzem 40 milhões de galões de água ($110.000m^3$) diariamente e poupam 55 milhões de m^3 de gás natural anualmente devido à utilização de energia solar [101], a poupança anual de gás natural do sistema proposto é, portanto, calculada em cerca de 50.000 m^3 .

Para investigar o benefício ambiental da utilização da energia solar em comparação com a energia eléctrica convencional, a redução das emissões de CO_2 será calculada de acordo com as directrizes do Reino Unido, como se segue [102]:

*Redução das emissões de carbono = eletricidade utilizada anualmente (kWh) * fator* *de conversão CO_2*

A eletricidade utilizada anualmente pelo sistema proposto, se alimentado com combustíveis convencionais, é estimada em ***2,98 kWh/m³ de água produzida*** [103].

Espera-se que o sistema proposto produza ***3,65*10⁵ m³ de água por ano***, portanto:

A eletricidade utilizada anualmente é $10,88*10^5$ kWh

O fator CO_2 para a região do Médio Oriente, tal como definido pela Administração de Informação Energética dos EUA [102], é de ***0,616 kg*kWh⁻¹***. Assim, as reduções das emissões de carbono serão:

Redução das emissões de carbono = $10,88 * 10^5 x 0,616$

Redução das emissões de carbono = $6,69*10^5$ =66.900 kg CO_2/ano

Capítulo 5. Conclusão e desafios

Embora o Qatar seja o maior exportador mundial de gás natural liquefeito, a diversificação da sua produção de energia para incluir as energias renováveis é necessária para ajudar o país a atingir o seu objetivo para o cabaz energético nacional até 2022.

Embora a Osmose Inversa (OR) seja um dos métodos de dessalinização de água mais difundidos no Qatar, é maioritariamente alimentada pela rede eléctrica. A exploração de combustíveis fósseis, no entanto, aumenta a poluição ambiental, aumentando as emissões de CO_2 para a atmosfera.

A proposta de instalação de dessalinização de água do mar com energia solar é um exemplo inovador de utilização da energia solar para alimentar totalmente as unidades de dessalinização de água RO. A implementação de um sistema deste tipo em grande escala garante um abastecimento de água doce seguro, sustentável e económico e uma maior capacidade para a agricultura local. Com base na experiência do Sistema Piloto da Quinta de Al-Sada, o sistema proposto sugere a instalação adicional de redes na entrada para remover a areia do mar e para proteger as membranas RO de incrustações.

O sistema proposto foi avaliado do ponto de vista económico e ambiental. Com base na avaliação económica aqui realizada, verificou-se que o sistema proposto tem um custo de aproximadamente 400 000 QR, o que pode ser considerado como um investimento de baixo risco. Os dispositivos e instrumentos propostos no sistema apresentam uma elevada eficácia e são considerados de tecnologia avançada. Com o custo da energia fotovoltaica a baixar continuamente, o orçamento global pode ser considerado mais acessível no futuro. O sistema proposto apresenta despesas de manutenção reduzidas devido ao baixo custo da mão de obra e às necessidades nulas de limpeza. Com base na avaliação ambiental efectuada, verificou-se que o sistema proposto poupa quase 67 toneladas de CO_2 numa base anual, confirmando assim a sua eficácia.

Os desafios que se colocam às aplicações solares no país são a falta de um quadro político para as energias renováveis, de legislação, de apoio institucional, de tarifas de alimentação e de acesso à rede. Além disso, a utilização da energia solar ainda é muito cara no país, mas a potencial queda dos preços pode criar uma oportunidade para a expansão das aplicações solares. Finalmente, a degradação dos painéis solares devido à dureza do clima regional é outra questão que também deve ser abordada antes de se utilizar a energia solar em aplicações de grande escala. Devem também ser tidos em consideração materiais de alta qualidade para otimizar o desempenho das células. Por conseguinte, recomenda-se vivamente a realização de mais investigação para atualizar o sistema proposto.

O desenvolvimento dessas centrais solares em grande escala ajudará o país a obter uma política visionária em matéria de energias renováveis que o ajudará a construir sistemas energéticos limpos e sustentáveis e a acelerar a sua emergência regional e mundial como país de tecnologia limpa. A implementação em grande escala da energia solar terá múltiplas vantagens para o Qatar, incluindo a segurança energética, a melhoria da qualidade do ar, a redução das emissões de gases com efeito de estufa, mais oportunidades de emprego, para além de aumentar a segurança da água e dos alimentos.

Referências

1. Khawaji AD, Kutubkhanah IK, Wie J-M. Advances in seawater desalination technologies (Avanços nas tecnologias de dessalinização da água do mar). Desalination. 2008 Mar;221(1-3):47-69.

2. Saidur R, Elcevvadi ET, Mekhilef S, Safari A, Mohammed HA. Uma visão geral dos diferentes métodos de destilação para aplicações em pequena escala. Renew Sustain Energy Rev. 2011 Dec;15(9):4756-64.

3. Revista Global Water Intelligence. Global water intelligence [Internet]. Disponível em: https://www.globalwaterintel.com/research/global-picture

4. Lattemann S, Hopner T. Environmental impact and impact assessment of seawater desalination (Impacto ambiental e avaliação do impacto da dessalinização da água do mar). Desalination. 2008 Mar;220(1-3):1-15.

5. Fritzmann C, Lowenberg J, Wintgens T, Melin T. State-of-the-art of reverse osmosis desalination. Desalination. 2007;216(1- 3):1- 76.

6. Mesa AA, Gomez CM, Azpitarte RU. Projeto da planta de dessalinização de máxima eficiência energética (PAME). Dessalinização. 1997 Feb;108(1- 3): 111-6.

7. Buros OK. The ABCs of Desalting. Int Desalin Assoc Mass. 2000;(2): 1-32.

8. Watson IC, Morin OJ, Henthorne L. Desalting Handbook for Planners. Desalin Water Purif Res Dev Progr Rep No 72. 2003;(72): 1-310.

9. El-Nashar AM. The economic feasibility of small solar MED seawater desalination plants for remote arid areas. Desalination. 2001 Apr;134(1-3):173- 86.

10. Alklaibi AM, Lior N. Dessalinização por destilação com membranas: Estado e potencial. Desalination. 2005 Jan;171(2):111- 31.

11. Stover RL, Ameglio A, Khan PAK. The Ghalilah SWRO plant: an overview of the solutions adopted to minimize energy consumption. Desalination. 2005 Nov;184(1-3):217-21.

12. Eriksson P. A nanofiltração alarga o alcance da filtração por membranas. Environ

Prog. 1988;7(1):58-62.

13. Van der Bruggen B, Vandecasteele C. Distillation vs. membrane filtration: overview of process evolutions in seawater desalination. Desalination. 2002 Jun;143(3):207-18.

14. Karagiannis IC, Soldatos PG. Literatura sobre os custos da dessalinização da água: revisão e avaliação. Desalination. 2008 Mar;223(1-3):448-56.

15. Karagiannis IC, Soldatos PG. Situação atual da dessalinização da água nas Ilhas do Egeu. Desalination. 2007 Feb;203(1-3):56-61.

16. Al-Wazzan Y, Safar M, Ebrahim S, Burney N, Mesri A. Dessalinização de águas subterrâneas utilizando um sistema de osmose inversa (OR) em espiral: avaliação técnica e económica. Desalination. 2002 May;143(1):21-8.

17. Jaber IS, Ahmed MR. Avaliação técnica e económica da dessalinização de águas subterrâneas salobras pelo processo de osmose inversa (OR). Desalination. 2004 Aug;165:209-13.

18. Sambrailo D, Ivie J, Krstulovie A. Economic evaluation of the first desalination plant in Croatia. Desalination. 2005 Jul;179(1-3):339-44.

19. Afonso MD, Jaber JO, Mohsen MS. Tratamento de águas subterrâneas salobras por osmose inversa na Jordânia. Desalination. 2004 Apr;164(2):157-71.

20. Rico DP, Arias MFC. Uma central de água potável por osmose inversa na Universidade de Alicante: primeiros anos de funcionamento. Desalination. 2001 maio;137(1-3):91-102.

21. Chaudhry S. Unit cost of desalination (custo unitário da dessalinização). CA Desali- nation Task Force Sausalito. 2003;

22. Avlonitis SA. Melhorias no custo operacional da água e na produtividade de instalações de dessalinização RO de pequena dimensão. Desalination. 2002 Mar;142(3):295-304.

23. Hafez A, El-Manharawy S. Economics of seawater RO desalination in the Red

Sea region, Egypt. Parte 1. Um estudo de caso. Desalination. 2003 Feb;153(1-3):335-47.

24. Mohamed ES, Papadakis G. Conceção, simulação e análise económica de uma unidade autónoma de dessalinização por osmose inversa alimentada por turbinas eólicas e energia fotovoltaica. Desalination. 2004 Mar;164(1):87-97.

25. Kershman SA, Rheinländer J, Neumann T, Goebel O. Hybrid wind/PV and conventional power for desalination in Libya-GECOL's facility for medium and small scale research at Ras Ejder. Desalination. 2005 Nov;183(1-3):1-12.

26. Mohamed ES, Papadakis G, Mathioulakis E, Belessiotis V. O efeito da recuperação de energia hidráulica num pequeno sistema de dessalinização por osmose inversa da água do mar; avaliação experimental e económica. Desalination. 2005 Nov;184(1-3):241-6.

27. Voivontas D, Misirlis K, Manoli E, Arampatzis G, Assimacopoulos D. A tool for the design of desalination plants powered by renewable energies. Desalination. 2001 Mar;133(2):175-98.

28. Abou Rayan M, Khaled I. Seawater desalination by reverse osmosis (case study). Desalination. 2003 Feb;153(1-3):245-51.

29. Voivontas D, Arampatzis G, Manoli E, Karavitis C, Assimacopoulos D. Water supply modeling towards sustainable environmental management in small islands: the case of Paros, Greece. Desalination. 2003 Aug;156(1-3): 127-35.

30. Zejli D, Benchrifa R, Bennouna A, Zazi K. Economic analysis of wind-powered desalination in the south of Morocco (Análise económica da dessalinização por energia eólica no sul de Marrocos). Desalination. 2004 Aug;165:219-30.

31. Atikol U, Aybar HS. Estimativa do custo de produção de água na análise de viabilidade de sistemas RO. Desalination. 2005 Nov;184(1-3):253-8.

32. Leitner GF. Custos totais da água numa base padrão para três grandes instalações S.W.R.O. em funcionamento. Desalination. 1991 Jul;81(1-3):39-48.

33. Tian J, Shi G, Zhao Z, Cao D. Economic analyses of a nuclear desalination system

using deep pool reactors. Desalination. 1999 Aug;123(1):25-31.

34. Poullikkas A. Optimization algorithm for reverse osmosis desalination economics (Algoritmo de otimização para a economia da dessalinização por osmose inversa). Desalination. 2001 Feb;133(1):75-81.

35. Wade NM. Desenvolvimento de instalações de destilação e atualização de custos. Desalination. 2001 maio;136(1-3):3-12.

36. Andrianne J, Alardin F. Economia dos processos térmicos e de membrana: Seleção optimizada para a dessalinização da água do mar. Desalination. 2003 Feb;153(1- 3):305-11.

37. Wu S, Zhang Z. An approach to improve the economy of desalination plants with a nuclear heating reator by coupling with hybrid technologies. Desalination. 2003 Jun;155(2):179-85.

38. Agashichev SP. Análise de sistemas integrados de co-geração que incluem MSF, RO e sistemas de produção de energia (valor atual das despesas e custo "nivelado" da água). Desalination. 2004 Abr;164(3):281-302.

39. Ettouney H. Pacote informático em Visual Basic para processos de dessalinização térmica e por membrana. Desalination. 2004 Aug;165:393-408.

40. AGASHICHEV S. Abordagem sistémica para a avaliação técnico-económica de um sistema híbrido triplo (RO, MSF e produção de energia), incluindo a contabilização das emissões de CO2*1. Energy. 2005 Jun;30(8):1283-303.

41. Borsani R, Rebagliati S. Fundamentos e cálculo de custos de instalações de dessalinização MSF e comparação com outras tecnologias. Desalination. 2005 Nov;182(1-3):29- 37.

42. Tian L, Wang Y, Guo J. Economic analysis of a 2x200 MW nuclear heating reator for seawawater desalination by multi-effect distillation (MED). Desalination. 2003 Feb;152(1-3):223-8.

43. Ophir A, Lokiec F. Processo MED avançado para a dessalinização mais económica da água do mar. Desalination. 2005 Nov;182(1-3):187-98.

44. Tian L, Guo J, Tang Y, Cao L. Uma oportunidade histórica: competitividade económica do projeto de dessalinização da água do mar entre o nuclear e o combustível fóssil enquanto o preço mundial do petróleo ultrapassa os 50 dólares por barril - parte A: MSF. Desalination. 2005 Nov;183(1-3):317-25.

45. Wu S. Analysis of water production costs of a nuclear desalination plant with a nuclear heating reator coupled with MED processes. Desalination. 2006 Apr;190(1-3):287-94.

46. Tzen E, Morris R. Renewable energy sources for desalination (Fontes de energia renováveis para dessalinização). Sol Energy. 2003 Nov;75(5):375-9.

47. Mohamed ES, Papadakis G, Mathioulakis E, Belessiotis V. Estudo experimental comparativo do desempenho técnico e económico de um pequeno sistema de dessalinização por osmose inversa equipado com uma unidade de recuperação de energia hidráulica. Desalination. 2006 Jun;194(1-3):239-50.

48. Dreizin Y. Ashkelon seawater desalination project - off-taker's self costs, supplied water costs, total costs and benefits. Desalination. 2006 Abr;190(1- 3):104-16.

4 9 Al-Malki A. Business Opportunities in Water Industry in Qatar (Qatar General Electricity and Water Corporation). 2008;

50. Centrais de dessalinização no Qatar [Internet]. [cited 2016 Feb 17]. Disponível em: https://www.google.com/search?q=desalination+plants+in+qatar&espv=2&biw=1242&bih=557&source=lnms&tbm=isch&sa=X&ved=0ahUKEwj888ujvcbQAhVL1SwKHXyLBLsQ_AUIBigB

51. Al-Mohannadi F. Apresentação sobre centrais eléctricas e hídricas no Qatar. 2010.

52. M. A. Darwish. Desafios da água no Qatar. Desalin Water Treat. 2013;51(1-3):75-86.

53. Darwish MA, Abdulrahim HK, Hassan AS. Custos realistas de produção de energia e água dessalinizada no Qatar. Desalin Water Treat. 2016;57(10):4296-302.

53. Darwish MA, Al Awadhi FM, Abdul Raheem MY. Os MSF: já chega. Desalin Water Treat. 2010 Oct 3;22(1-3):193-203.

54. Darwish MA, Al Awadhi FM, Abdul Raheem MY. Os MSF: já chega. Desalin Water Treat. 2010 Oct 3;22(1-3):193-203.

55. Hoover LA, Phillip WA, Tiraferri A, Yip NY, Elimelech M. Forward with osmosis: emerging applications for greater sustainability. Environ Sci Technol. Sociedade Americana de Química; 2011 Dez 1;45(23):9824-30.

56. Winters H, Isquith IR, Bakish R. Influence of desalination effluents on marine ecosystems (Influência dos efluentes da dessalinização nos ecossistemas marinhos). Desalination. Elsevier; 1979 Oct;30(1):403-10.

57. Hoepner T, Lattemann S. Chemical impacts from seawater desalination plants - a case study of the northern Red Sea. Desalination. Elsevier; 2003 Feb;152(1-3):133-40.

58. Departamento de Meteorologia do Qatar, 2016

59. Bleninger T, Jirka GH. Modelação e gestão ambientalmente correcta das descargas de salmoura das instalações de dessalinização. Desalination. Elsevier; 2008;221(1):585-97.

60. Danoun R. Centrais de dessalinização: Potenciais impactos da descarga de salmoura na vida marinha. 2007.

61. Areiqat A, Mohamed KA. Otimização do impacto negativo das centrais eléctricas e de dessalinização no ecossistema. Desalination. Elsevier; 2005 Nov;185(1- 3):95-103.

62. Beltagy M. IMCO/UNEP Workshop on Combatting Marine Pollution from Oil Exploration and Transport in the Kuwait Action Plan Region. 1980;

63. Uddin S. Impactos ambientais das actividades de dessalinização no Golfo Arábico. Int J Environ Sci Dev . 2014;5(2).

64. Münk F. Análise ecológica e económica de instalações de dessalinização da água do mar. Tese de Doutoramento. 2008;Instituto(abril): 119.

65. Grupo KT. Projeto de processo de permutadores de calor arrefecidos a ar (AIR COOLERS). Brasil. [Internet]. 2015 [citado 2016 Out 23]. Disponível em: http: //www.tradearabia.com/news/IND 303158.html

66. TheEdge. Kahramaa anuncia que a primeira instalação de energia solar será inaugurada no próximo ano - The Edge [Internet]. 2015 [citado 2016 Oct 23]. Disponível em: http://www.theedge.me/kahramaa-announces-first-solar-power-facility-to-open- next-year/

67. Hafez A, El-Manharawy S. Economics of seawater RO desalination in the Red Sea region, Egypt. Parte 1. Um estudo de caso. Desalination. 2003;153(1):335-47.

68. Munsell M. Solar PV Prices Will Fall Below $1.00 per Watt by 2020 [Internet]. Greentech Media. [cited 2016 Nov 7]. Disponível em: https://www.greentechmedia.com/articles/read/solar-pv-prices-to-fall-below- 1.00-per-watt-by-2020

69. Zhu A, Christofides PD, Cohen Y. Effect of Thermodynamic Restriction on Energy Cost Optimization of RO Membrane Water Desalination (Efeito da Restrição Termodinâmica na Otimização dos Custos Energéticos da Dessalinização da Água por Membranas RO). Ind Eng Chem Res. American Chemical Society; 2009 Jul;48(13):6010-21.

70. Dakkak M, Hirata A, Muhida R, Kawasaki Z. Estratégia de funcionamento do sistema fotovoltaico centralizado residencial em zonas remotas. Renew energy. 2003;28(7):997-1012.

71. Taheri AH, Sim LN, Haur CT, Akhondi E, Fane AG. O potencial de incrustação de sílica coloidal e ácido húmico e suas misturas. J Memb Sci. 2013;433:112- 20.

72. Adler PS. Managing Flexible Automation. Calif Manage Rev. 1988;30(3):34- 56.

73. Nair M, Kumar D. Water desalination and challenges: The Middle East perspective: a review. Desalin Water Treat. Routledge ; 2013 Feb;51(10- 12):2030-40.

74. Kasemset S, Lee A, Miller DJ, Freeman BD, Sharma MM. Efeito das condições de deposição de polidopamina na resistência à incrustação, propriedades físicas e

propriedades de permeação das membranas de osmose inversa na separação óleo/água. J Memb Sci. 2013;425:208-16.

75. Harder E, Gibson JM. The costs and benefits of large-scale solar photovoltaic power production in Abu Dhabi, United Arab Emirates (Os custos e benefícios da produção de energia solar fotovoltaica em grande escala em Abu Dhabi, Emirados Árabes Unidos). Renew Energy. Elsevier Ltd;

76. Shahabi MP, McHugh A, Ho G. Environmental life cycle assessment of seawater reverse osmosis desalination plant powered by renewable energy. Renew Energy. 2014;67:53-8.

77. Tzen E, Perrakis K, Baltas P. Projeto de um sistema autónomo de dessalinização fotovoltaica para zonas rurais. Desalination. Elsevier; 1998;119(1):327-33.

78. Zhao J, Wang A, Wenham SR, Green MA. Célula de silício de camada fina de 47 pm com 21, 5% de eficiência. In: Proc da 13ª Conferência Europeia de Energia Solar PV,. Nice, França; 1995. p. 1566-9.

79. Saga T. Avanços na tecnologia de células solares de silício cristalino para produção industrial em massa. NPG Asia Mater. Nature Publishing Group; 2010 Jul;2(3):96-102.

80. Chandel SS, Nagaraju Naik M, Sharma V, Chandel R. Degradation analysis of 28 year field exposed mono-c-Si photovoltaic modules of a direct coupled solar water pumping system in western Himalayan region of India (Análise da degradação de módulos fotovoltaicos mono-c-Si expostos durante 28 anos no terreno de um sistema de bombagem solar de água com acoplamento direto na região ocidental dos Himalaias da Índia). Renew Energy. 2015;78:193-202.

81. Amin N, Lung CW, Sopian K. Um estudo prático de campo de várias células solares sobre o seu desempenho na Malásia. Renew Energy. 2009;34(8): 1939-46.

82. Monsson. Damos-lhe água pura em qualquer lugar.

83. Abdallah S, Abu-Hilal M, Mohsen MS. Desempenho de um sistema de osmose inversa alimentado por energia fotovoltaica em condições climáticas locais.

Desalination. Elsevier; 2005;183(1):95-104.

84. Tiwari GN, Mishra RK, Solanki SC. Módulos fotovoltaicos e suas aplicações: Uma revisão sobre modelação térmica. Appl Energy. 2011;88(7):2287- 304.

85. P. Denholm, E. Drury, R. Margolis, M. Mehos. Solar energy: the largest energy resource" [Energia solar: o maior recurso energético]. Generating Electricity in a Carbon-con-strained World [Geração de eletricidade num mundò com restrições de carbono]. Acad Press Calif. 2010;271-302.

86. Inventado para a vida Módulos solares da Bosch Solar Energy [Internet]. [citado 2016 Nov 13]. Disponível em: http: //www.bosch-solarenergy.de/media/en us/bosch se serviceorganisation/product/datenblaette r 2/kristtalin/na 2/Bosch Solar Module c Si M 60 NA44117.pdf

87. Sistema fiável - rendimentos elevados. Módulo Solar Bosch pm-Si plus EU1410 [Internet]. [citado 2016 Nov 12]. Disponível em: http://www.bosch-solarenergy.com/media/en/bosch_se_serviceorganisation/product/datenblaetter_2/duennschicht_1/_m_si/Bosch_Solar_Module_m_Si_plus_EU 1410.pdf

88. Almazroui M. Climatology and Monitoring of Dust and Sand Storms in the Arabian Peninsula (Climatologia e monitorização de poeiras e tempestades de areia na Península Arábica). Centro de Excelência para a Investigação das Alterações Climáticas.

89. Controladores de carga da Wholesale Solar [Internet]. [cited 2016 Oct 27]. Disponível em: http://www.wholesalesolar.com/charge-controllers#BlueSky

90. GE. Inversor Solar Central ProSolar [Internet]. [cited 2016 Oct 30]. Disponível em: http://www.gepowerconversion.com/sites/gepc/files/product/ProSolar Central Solar Inverter fact sheet.pdf

91. GE. Sistemas de alimentação química | GE Water [Internet]. [cited 2016 Oct 30]. Disponível em: https://www.gewater.com/handbook/chemical feed control/ch 35 chemicalfee djsp

92. Radhi H. Sobre o valor dos sistemas fotovoltaicos descentralizados para o sector

residencial do CCG. Energy Policy. 2011;39(4):2020-7.

93. Banco Mundial. Dessalinização por energias renováveis: uma solução emergente para colmatar o défice de água no Médio Oriente e no Norte de África. 2012.

94. Martin R. To Make Fresh Water without Warming the Planet, Countries Eye Solar Power [Internet]. MIT Technology Review . 2016 [citado 2016 Oct 23]. Disponível em: https:ZZwww.technologyreview.com/sZ601419/to-make-fresh- water-without-warming-the-planet-countries-eye-solar-power/

95. Wei Qi, Jinfeng Liu, Christofides PD. Supervisory Predictive Control for LongTerm Scheduling of an Integrated Wind/Solar Energy Generation and Water Desalination System (Controlo Preditivo Supervisor para Programação a Longo Prazo de um Sistema Integrado de Produção de Energia Eólica/Solar e Dessalinização de Água). IEEE Trans Control Syst Technol. 2012 Mar;20(2):504- 12.

96. Shatat M, Worall M, Riffat S. Estudo económico para um sistema de dessalinização de água solar de pequena escala acessível em regiões remotas e semi-áridas. Renew Sustain Energy Rev. 2013;25:543-51.

97. Painel solar poli da marca Bosch, painel solar poli para sistema solar doméstico, células solares Bosch [Internet]. [citado 2016 Nov 8]. Disponível em: https://www.alibaba.com/product-detail/Bosch-brand-poly-solar-panel-poly 1618972470.html

98. Revista PV. Maior tensão, menor custo [Internet]. [citado 2016 Nov 7]. Disponível em: http://www.pv-magazine.com/archive/articles/beitrag/higher- voltage--lower-cost-100020830/630/#axzz4P0bKuwMF

99. Novo design 12v 24v 48v MPPT Controlador de carga solar [Internet]. [citado 2016 Nov 8]. Available from: https:ZZwww.alibaba.comZproduct-detailZNEW-DESIGN-12V-24V-48V-MPPT_60314002450.html?spm=a2700.7724838.0.0.DaXvMu&s=p

100. GENERAL ELECTRIC INVERTER IC3506A105A6 [Internet]. [citado 2016 Nov 12]. Disponível em: http:ZZwww.ebay.comZitmZGENERAL-ELECTRIC-

INVERTER-IC3506A105A6-USED-/231605607975?hash=item3 5ecc51e27:g:
oOgAAOSwu4BVjbmv

101. Al-Qahtani H. Viabilidade da utilização de energia solar para alimentar a unidade doméstica de osmose inversa para dessalinizar água no estado do Barém. Renew Energy. Pergamon; 1996;8(1):500-4.

102. Agência Internacional da Energia. Energia benigna? As implicações ambientais das energias renováveis. 1998.

103. Unidade móvel de dessalinização solar RO afirma poupar 87% de energia - WaterWorld [Internet]. [citado 2016 Nov 8]. Disponível em: http://www.waterworld.com/articles/2015/01/mobile-solar-ro-desalination-unit-claims-87-energy-saving.html

104. EIA-Programa de Comunicação Voluntária de Gases com Efeito de Estufa - Factores de Emissão e Aquecimento Global [Internet]. [citado 2016 Nov 6]. Disponível em: http: //www.eia. gov/oiaf/1605/emission_factors. html

Printed by Books on Demand GmbH, Norderstedt / Germany